LE CALCUL A LA MAIN

OU

ARITHMÉTIQUE-PRATIQUE

APPLIQUÉE

AU CADRAN-COMPTEUR

Contenant

LA MULTIPLICATION, LA DIVISION, LES RÈGLES DE TROIS, DE SOCIÉTÉ, D'INTÉRÊT, D'ESCOMPTE, LA DIVISION PROPORTIONNELLE, DES NOTIONS DE TOISÉ ET D'ARPENTAGE, ET UNE SÉRIE DE TABLES POUR LA COMPARAISON, LA CONVERSION DES MESURES, LA RÉDUCTION DES BOIS, LE CALCUL DES INTÉRÊTS, LE JAUGEAGE DES TONNEAUX, ETC.,

Par G. GUILLAUME, Arpenteur-Géomètre
A MARFONTAINE (AISNE).

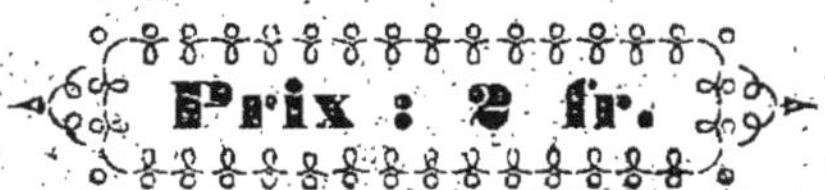

LAON.
TYPOGRAPHIE DE ERN. MARÉCHAL, RUE CHATELAINE, 16.

1852.

LE CALCUL A LA MAIN

OU

ARITHMÉTIQUE-PRATIQUE.

LE

CALCUL A LA MAIN

OU

ARITHMÉTIQUE-PRATIQUE

APPLIQUÉE

AU CADRAN-COMPTEUR

Contenant

LA MULTIPLICATION, LA DIVISION, LES RÈGLES DE TROIS, DE SOCIÉTÉ, D'INTÉRÊT, D'ESCOMPTE, LA DIVISION PROPORTIONNELLE, DES NOTIONS DE TOISÉ ET D'ARPENTAGE, ET UNE SÉRIE DE TABLES POUR LA COMPARAISON, LA CONVERSION DES MESURES, LA RÉDUCTION DES BOIS, LE CALCUL DES INTÉRÊTS, LE JAUGEAGE DES TONNEAUX, ETC.,

Par G. **GUILLAUME**, **Arpenteur-Géomètre**

A MARFONTAINE (AISNE).

TYPOGRAPHIE DE ERN. MARÉCHAL, RUE CHATELAINE, 16.

1852.

AVANT-PROPOS.

Ce n'est pas être prétentieux que d'intituler cet ouvrage : ARITHMÉTIQUE-PRATIQUE, et les nombreux traités qui se sont approprié cette qualification n'ont pas assurément justifié leur titre comme celui-ci est appelé à le faire. En effet, ce livre, spécialement destiné à indiquer l'emploi du *Cadran-compteur*, ne renferme aucune démonstration étrangère à son objet, et la théorie, si souverainement invoquée par les mathématiciens, y est remplacée par des faits. Tout se réduit donc à un simple mécanisme : et, avec la connaissance seule des chiffres et de la numération, on obtient des résultats d'une approximation qui, dans le commerce usuel, équivaut à l'exactitude la plus rigoureuse. Ainsi, sur le *Cadran-compteur*, sans autre auxiliaire que la mémoire, on résout des problèmes dont la solution, par les procédés ordinaires, exigerait la possession absolue des principes et l'habitude constante de leur application. C'est donc un instrument utile à chacun, et indispensable surtout aux ouvriers, qui, pour la plupart, initiés seulement à la science des nombres et n'ayant pas assez de loisirs pour développer ce qu'ils ont appris dans leurs modestes études, sont dans l'impossibilité d'aborder les moindres calculs, et, par conséquent, dans la nécessité de négliger leurs intérêts ou de les confier à des tiers.

Avec le *Cadran-compteur*, cette fâcheuse situation cesse : chacun traite ses affaires facilement, sans craindre de commettre la plus légère erreur, l'usage de la plume disparaissant entièrement.

Néanmoins, pour faire justice des scrupules que pourraient soulever les procédés mécaniques, des moyens de vérification sont établis pour chaque opération ; à cet effet, une méthode de calcul écrit se combine dans tout le cours de l'ouvrage avec la méthode du Cadran.

EXPLICATION

des Signes abréviatifs du Calcul écrit.

$+$ signifie *Plus.*

$-$ . . . . *Moins.*

$=$ . . . . *Égal à.*

$\times$ . . . . *Multiplié par.*

$\frac{n}{n}$ . . . . *Divisé par.*

$:$ . . . . *Est à.*

$::$ . . . . *Comme.*

N^2 . . . . *Nombre multiplié par lui-même.*

x . . . . *Inconnu.*

LE CALCUL A LA MAIN

OU

ARITHMÉTIQUE-PRATIQUE.

PREMIÈRE PARTIE.

N° 1er. — Numération et usage du Cadran.

Le *Cadran-compteur* se compose de trois cercles concentriques marqués des lettres ABB'; une ligne appelée *Directrice*, partant du centre et aboutissant à la circonférence extérieure, indique l'ordre des nombres placés sur chaque cercle.

Le cercle A est divisé en parties principales désignées par des nombres placés dans l'ordre naturel depuis 10 y compris jusqu'à 100 inclusivement. Chaque division principale est subdivisée, savoir : depuis 10 jusqu'à 33, en 20 parties représentant chacune 5/100es, si l'on opère sur des unités, 5/10es si l'on opère sur des dizaines, 5 unités si l'on opère sur des centaines (c'est-à-dire si, au lieu de compter le chiffre de la division principale tel qu'il est au Cadran, on lui donne une valeur 10, 100, 1,000, etc., fois plus forte), et en suivant ainsi la progression décimale ascendante ou descendante, qui sert de base à notre numération usuelle; depuis 33 jusqu'à 67, les divisions principales comptent chacune 10 subdivisions, et présentent l'application absolue du système décimal; depuis 67 jusqu'à 100, chaque division principale contient cinq subdivisions, dont chacune égale 2/10es, si l'on opère sur des unités; 2 unités si l'on opère sur des dizaines; 2 dizaines si l'on opère sur des centaines, et ainsi de suite.

Quant aux neuf premiers nombres, qui ne paraissent pas compris au cercle A, on les y trouve néanmoins par la suppression mentale des zéros des dizaines exactes; et, dès qu'on aura l'habitude du Cadran, on obtiendra toutes sortes de résultats, avec ces dizaines ainsi converties en unités, aussi facilement que si les neuf premiers nombres naturels eussent fait l'objet d'un cercle.

A partir de la *Directrice*, les cercles BB' comprennent ensemble 100 divisions principales semblables à celles du cercle A, quant à leurs subdivisions et à la numération. Le cercle B porte 31 de ces divisions, plus une fraction; le complément jusqu'à 100 se trouve sur le cercle B' : ainsi, si l'on a besoin d'un nombre supérieur à 31, 310, 3,100, etc., il faut le chercher, non sur le cercle B, mais sur le cercle B'.

Le cercle A sert à la multiplication, à la division et à tous les calculs simples qui comportent ces deux opérations.

Les cercles BB', combinés avec le cercle A, servent à déterminer les carrés et leurs racines, les superficies des surfaces régulières et leurs dimensions, les volumes des prismes et des polyèdres réguliers, de la sphère, de la sphéroïde, etc., etc.

Quelle que soit l'opération à effectuer, les deux aiguilles partent du cercle A : ce n'est que dans l'exécution qu'elles se portent sur le cercle B; mais le résultat de l'opération se lit toujours sur le cercle A.

N° 2. — De la Multiplication.

La Multiplication sert principalement : 1° à faire connaître le produit de deux nombres ; 2° à trouver le prix total de plusieurs unités de même espèce, lorsqu'on connaît le prix de l'unité ; 3° à réduire des entiers d'espèces principales en leurs parties ; 4° à trouver les surfaces ou superficies, et la solidité des corps.

Dans la Multiplication, on opère donc sur deux nombres, appelés *facteurs*, avec lesquels on en compose un troisième, appelé *produit* : l'un des facteurs s'appelle *multiplicande*, l'autre *multiplicateur* ; le produit est toujours de même nature que le multiplicande.

EXEMPLE :

Un sac de blé coûte 25 fr., combien coûteront 32 sacs au même prix ?

Calcul écrit.

Multiplicande : 25 fr., multiplicateur : 32 sacs.

Opération.

	25
	× 32
1er produit partiel.	50
2e d° d° .	75
Produit total . .	800

Pour faire cette Multiplication, je commence à droite, par les unités, en disant : 2 fois 5 font 10, je pose 0 sous les unités et je retiens 1 ; je passe avec le même chiffre du multiplicateur au deuxième chiffre du multiplicande, et je dis : 2 fois 2 font 4, et 1 de retenue font 5, que je pose sous les dizaines : j'ai ainsi le premier produit partiel. Ensuite, avec le deuxième chiffre du multiplicateur, je forme le deuxième produit partiel, ainsi : 3 fois 5 font 15, je pose 5 sous les dizaines et je retiens 1 ; je passe encore au deuxième chiffre du multiplicande, en disant 3 fois 2 font 6, plus 1 de retenue font 7, que je pose en entier, en avançant d'un rang à gauche. N'ayant plus de chiffre au multiplicateur, je souligne les produits partiels et j'en fais le total, en disant : 0, je pose 0 sous les unités, 5 et 5 font 10, je pose 0 sous les dizaines, et je retiens 1, que je porte à la colonne suivante, en disant : 1 et 7 font 8, que j'écris au rang des centaines ; et j'ai pour résultat 800 fr., que coûtent 32 sacs de blé à 25 fr. l'un.

Quand on opère sur des nombres décimaux, le produit doit présenter, sur la droite, autant de chiffres décimaux qu'il y en a dans les deux facteurs réunis.

Calcul mécanique (Cercle A).

Je place une aiguille sur le multiplicande (25), l'autre sur la *Directrice*, et je conduis celle-ci sur le multiplicateur (32) : dans son mouvement elle porte la première sur le produit (800).

Dans le calcul mécanique, comme dans le calcul écrit, la preuve de la Multiplication se fait par la division.

N° 3. — De la Division.

La Division sert principalement : 1° à faire connaître combien de fois une quantité est contenue dans une autre ; 2° à partager un nombre en autant de parties égales que l'on veut ; 3° à trouver la valeur d'une chose par la connaissance du prix total de plusieurs ; 4° à rappeler les parties à leur tout, comme des pouces en pieds, des sous en livres, etc. ; 5° à faire la preuve de la Multiplication : car, en divisant le produit par l'un des facteurs, le quotient doit donner l'autre facteur.

Dans la Division, on opère donc sur deux nombres, dont l'un, celui que l'on divise, s'appelle *dividende,* et l'autre, par lequel on divise, s'appelle *diviseur :* le résultat s'appelle *quotient,* mot qui signifie combien de fois.

EXEMPLE :

32 sacs de blé ont coûté 800 fr., quel est le prix d'un sac ?

Calcul écrit.

Dividende : 800 fr., diviseur : 32.

Opération.

800	32
64	
160	25, quotient.
160	
000	

Je dispose les deux nombres de sorte que le dividende (800) et le diviseur (32) soient placés sur une même ligne, je les sépare par un trait vertical, et, sous le diviseur (32), je tire un trait horizontal pour le séparer des chiffres du quotient. Je prends ensuite sur la gauche du dividende (800), les deux premiers chiffres formant 80, nombre au moins aussi fort que 32, et dont je fais le premier dividende partiel ; je dis alors, en 80 combien de fois 32, ou, en abrégeant, en 8 combien de fois 3 : j'obtiens 2, que j'écris, comme premier chiffre du quotient, sous le diviseur 32, avec lequel je fais une multiplication, en disant : 32 × 2 = 64, que je soustrais de 80, ce qui donne 16 pour reste. A la droite de ce reste, je descends le 0 suivant du dividende 800, et je forme ainsi un deuxième dividende partiel, sur lequel j'opère comme sur le premier, en disant : en 160 combien de fois 32, ou, en abrégeant, en 16 combien de fois 3 ; j'obtiens 5, que j'écris au quotient à la droite du chiffre 2 : je multiplie ensuite le diviseur 32 par 5, ainsi : 32 × 5 = 160, et je retranche ce produit du dividende partiel 160, ce qui donne 0 pour reste.

Le dividende général étant épuisé, l'opération est terminée, et le quotient est 25, soit 25 fr. pour le prix d'un sac de blé.

Quand on opère sur des chiffres décimaux, il faut, avant de commencer l'opération, disposer le dividende et le diviseur, de manière à ce qu'ils contiennent autant de chiffres décimaux l'un que l'autre, et ajouter, à cet effet, des zéros à celui qui en contient le moins : le quotient alors représentera toujours des unités, et les fractions n'y seront ajoutées que dans le cours de la division.

Calcul mécanique (Cercle A).

Je place une aiguille sur le dividende (800), l'autre sur le diviseur (32), et je conduis celle-ci sur la *Directrice* : l'aiguille du dividende suit le mouvement et va se placer sur le quotient (25).

Dans le calcul mécanique, comme dans le calcul écrit, la preuve de la division se fait par la multiplication.

N° 4. — De la Règle de trois.

La règle de trois est une opération qui comprend quatre termes, qui sont deux à deux de la même espèce, mais dont trois seulement sont connus et servent à découvrir le quatrième. Outre ses applications spéciales, son principal usage est de découvrir la valeur de plusieurs unités quelconques, sur la connaissance qu'on a déjà du prix total d'une certaine quantité de ces unités.

Pour la démonstration de la règle de trois, on est convenu d'appeler *extrêmes*, le premier et le dernier terme, et *moyens*, le deuxième et le troisième; la quantité inconnue et celle de même sorte s'appellent aussi *principales*, les deux autres, *relatives* ou *correspondantes* : une règle de trois est résolue quand on a rendu le rapport des quantités principales égal à celui des relatives ; c'est-à-dire, lorsqu'en divisant une principale par l'autre, on obtient le même quotient que par la division des relatives.

Les deux quantités qui forment un rapport ont reçu des noms différents : la première s'appelle *antécédent*, et la seconde s'appelle *conséquent*.

Il y a deux sortes de règles de trois : la *règle de trois directe*, et la *règle de trois inverse*.

La règle de trois est directe quand le rapport des deux principales est le même que celui des deux relatives ; c'est-à-dire, quand une principale et sa relative varient de la même manière que l'autre principale varie avec sa relative. Ainsi, s'il est question d'achat de marchandises, les principales et les relatives vont toujours entr'elles du plus au plus, du moins au moins : en effet, nous aurons d'autant plus ou d'autant moins de marchandise que nous donnerons plus ou moins d'argent, et l'acquisition sera en raison directe de la somme dépensée.

La règle de trois est inverse quand le rapport d'une principale à sa relative varie en sens contraire de celui de l'autre principale à sa relative. Ainsi, s'il est question du temps nécessaire pour la confection d'un certain ouvrage, les principales et les relatives vont toujours entr'elles du plus au moins, du moins au plus : en effet, plus il y aura d'ouvriers à la besogne, moins il faudra de temps pour la terminer ; et moins il y aura d'ouvriers, plus il faudra de temps.

La solution d'une règle de trois, directe ou inverse, dépend absolument de la manière d'en disposer les termes.

S'il s'agit d'une règle de trois directe, écrivez d'abord le rapport des principales, qui sera toujours facile à trouver, puisqu'il y a toujours une quantité de même nature que l'inconnu, et représentez l'inconnu par x. Puis écrivez à la droite de ce rapport celui des relatives, de manière que la relative de x occupe dans le second rapport la même place que x occupe dans le premier ; c'est-à-dire que si x est antécédent de l'un, sa relative sera antécédent de l'autre : de cette manière, x sera extrême dans la formule, et la relative de l'autre principale formera l'autre extrême.

S'il s'agit d'une règle de trois inverse, écrivez d'abord le rapport des principales comme pour la règle directe ; écrivez ensuite le rapport des relatives de manière que celle de x occupe, dans ce second rapport, la place contraire à celle que x occupe dans le premier : c'est-à-dire que x étant antécédent du premier rapport, sa relative sera conséquent du second ; de sorte que, dans la formule, x et sa relative seront les deux extrêmes.

Quelle que soit la règle de trois, on fait le calcul de la manière suivante :

Si l'inconnu est un extrême, on fait le produit des moyens, on le divise par l'extrême connu, et le quotient donne la réponse ;

Si l'inconnu est un moyen, on fait le produit des extrêmes, on le divise par le moyen connu, et le quotient donne l'autre moyen.

Premier Exemple :

Un tonneau de vin contenant 200 litres a été payé 150 fr. Combien payera-t-on pour un tonneau de 300 litres ?

Plus de litres doivent se payer plus d'argent ; donc la règle est directe, et elle se posera ainsi :

Calcul écrit.

$$x : 150 :: 300 : 200 ; \text{ d'où } x = \frac{150 \times 300}{200} = 225 \text{ fr.}$$

Calcul mécanique (Cercle A).

Je place une aiguille sur l'un des moyens (soit 150), l'autre sur l'extrême connu (200); je porte celle-ci sur l'autre moyen (300), et, dans son mouvement, elle conduit la première sur l'extrême cherché (225).

Il est évident que, si l'inconnu était un moyen, la disposition des aiguilles changerait; mais l'opération pouvant toujours se formuler comme il vient d'être indiqué, il est inutile de reproduire la démonstration.

DEUXIÈME EXEMPLE :

36 ouvriers ont mis 8 jours à bâtir une grange, combien faudra-t-il de jours à 12 ouvriers pour faire une autre grange de dimensions semblables ?

Il est clair que moins d'ouvriers mettront plus de jours, toutes les autres conditions restant les mêmes : la règle de trois est donc inverse, et l'opération sera disposée ainsi :

Calcul écrit.

$$x : 8 :: 36 : 12; \text{ d'où } x = \frac{8 \times 36}{12} = 24 \text{ jours.}$$

Calcul mécanique (Cercle A).

Je place une aiguille sur l'un des moyens (soit 36), l'autre sur l'extrême connu (12); je conduis celle-ci sur l'autre moyen (8) : dans son mouvement, elle porte la première sur x ou 24.

N° 5. — De la Division proportionnelle.

On nomme ainsi l'opération par laquelle on divise une somme en parties qui sont entr'elles dans des rapports déterminés, en même temps que l'addition de leurs termes de comparaison donne l'unité pour total.

EXEMPLE :

Soit à partager 1200 fr. en parties proportionnelles à 1/5, à 1/4, etc. (1)

Calcul écrit.

$$\frac{1200}{100} \times \left\{ \begin{array}{lcr} 0{,}20 \text{ ou } 1/5 & = & 240 \\ 0{,}25 \text{ ou } 1/4 & = & 300 \\ 0{,}55 \text{ ou le reste} & = & 660 \end{array} \right\} 1200$$

Calcul mécanique (Cercle A).

Je place une aiguille sur la somme à partager (1200), la seconde sur la *Directrice;* je conduis celle-ci successivement sur les diviseurs proportionnels 0,20, 0,25 et 0,55 : la première indique, à chaque station, la part d'un des co-partageants, et donne conséquemment les résultats 240, 300 et 660.

N° 6. — De la Règle de Société.

La règle de société est une opération qui sert à partager entre plusieurs associés le profit ou la perte qui résulte de leur société. Ce partage se fait par des règles de trois, en parties proportionnelles aux mises des associés, et au temps durant lequel leurs fonds ont appartenu à l'association.

EXEMPLE :

Trois écoliers se sont associés pour le jeu d'épingles : le premier a contribué pour 20 épingles, le deuxième pour 30, et le troisième pour 50; ils en ont gagné 60 : Quel est le gain de chacun?

(1) Pour harmoniser le calcul écrit avec le calcul mécanique, il faut convertir les fractions ordinaires en fractions décimales, ce qui se fait en ajoutant des zéros au numérateur, et en le divisant par le dénominateur; ainsi 1/5e égale cent centièmes divisés par 5, ou 20 centièmes.

Calcul écrit.

Pour faire cette opération, j'additionne les mises partielles, et, avec le total, je forme le premier terme d'autant de règles de trois qu'il y a d'associés; la somme à distribuer ou à répartir forme le deuxième terme de ces règles de trois, et chaque mise partielle forme un troisième terme, ainsi :

$$20 + 30 + 50 = 100;\ \text{et}\ 100 : 60 :: \left\{\begin{array}{l}20\\30\\50\end{array}\right. : x,$$

$$\text{d'où}\ x = \frac{60}{100} \times \left\{\begin{array}{l}20\\30\\50\end{array}\right. = \left.\begin{array}{l}12\\18\\30\end{array}\right\}\ \text{et}\ 12,\ 18\ \text{et}\ 30$$

représentent les gains partiels correspondant aux mises 20, 30 et 50, et font ensemble 60, gain total.

Calcul mécanique (Cercle A).

Je place une aiguille sur la somme à répartir (60), la deuxième sur la somme des mises (100), et je conduis ensuite celle-ci successivement sur les mises partielles (20, 30 et 50) : à chaque station, la première aiguille indique le profit correspondant à la mise sur laquelle est placée la deuxième aiguille, de sorte que l'on obtient, pour cet exemple, les nombres 12, 18 et 30.

N° 7. — De la Règle d'Intérêt.

Le but le plus ordinaire de la règle d'intérêt, c'est de faire connaître le bénéfice que l'on doit obtenir sur une somme d'argent prêtée ou placée pour un certain temps, à certaines conditions.

La somme placée s'appelle *capital*; le bénéfice s'appelle *rente* ou *intérêt*; il se calcule sur un capital comparatif de cent francs; l'intérêt comparatif s'appelle *taux*; et la durée du placement s'appelle *temps* : le temps se mesure aussi d'après une unité convenue, et la plus ordinaire, c'est l'année; mais à cause des dispositions du Cadran, nous compterons toujours à raison de 360 jours.

Quelle que soit la règle d'intérêt, elle peut toujours se résoudre par une règle de trois et sous la formule suivante : Le cent multiplié par l'année est au tant pour cent multiplié par le temps, comme le capital est à la rente.

Exemple :

Quel sera l'intérêt de 8,400 fr. placés pour 3 mois (90 jours), à 5 du 0/0 par an?

Calcul écrit.

$$100 \times 360 : 5 \times 90 :: 8,400 : x, \text{ d'où } x$$

$$= \frac{5 \times 90 \times 8400}{100 \quad 360} = 105 \text{ fr. d'intérêt.}$$

Calcul mécanique (Cercle A).

Je place une aiguille sur 360, l'autre sur le taux (soit 5); je tourne cette dernière sur la *Directrice*, et je fixe la première au point où elle est portée par ce mouvement. Je conduis alors l'aiguille de la *Directrice* sur le capital (soit 8,400), ou sur le temps (soit 90 jours); puis, mettant la première aiguille en mouvement, je la conduis sur le terme non occupé (soit 90), et la deuxième va se placer sur la rente (105 fr.).

N° 8. — De la Règle d'Escompte.

L'escompte est une retenue que l'on fait sur un billet qui

n'est payable qu'à une époque plus ou moins éloignée, mais pour lequel on voudrait avoir de l'argent comptant.

La règle d'escompte donne lieu à une opération en tout semblable à celle de la règle d'intérêt.

Contrairement à la pratique, qui consiste à retenir sur un capital non encore exigible le même intérêt qu'il produirait s'il était échu, nous avons cru devoir procéder de manière à trouver le chiffre nécessaire pour, avec l'escompte, former, à l'échéance, la valeur effective du billet escompté; et pour disposer l'opération, nous avons adopté cette formule : *Le cent est au cent plus le taux de l'escompte, comme l'inconnu est au billet à escompter*; de sorte que, cette règle de trois étant terminée, il reste à soustraire le résultat obtenu de la valeur du billet : l'excédant de cette soustraction représente l'escompte demandé.

Nous adoptons ce procédé, par la raison que 100 fr., placés à 5 pour 0/0, valent 105 fr. au bout d'un an, et que c'est réellement placer son argent à 5 du 0/0 que de payer 100 fr. un billet de 105 fr., à un an de terme.

Néanmoins, les banquiers procèdent autrement; mais, leurs calculs étant les mêmes pour l'escompte que pour l'intérêt simple, nous n'ajouterons rien à ce qui a été dit sur cette matière.

EXEMPLE :

Déterminer la valeur actuelle d'un billet de 200 fr. payable dans 6 mois, à 5 pour 0/0 d'escompte par an?

Calcul écrit.

$100 : 100 + 5 :: x : 200$; d'où $x = \frac{100 \times 200}{105} = 190,\ 47$
et $200 - 190.\ 47 = 9$ fr. 52 c., escompte d'un an.

Or, une nouvelle règle de trois est nécessaire pour avoir l'escompte de 6 mois, et prenant toujours le jour comme unité de temps, nous aurons — (180 jours pour 6 mois).

360 : 180 :: 9, 52 : x; d'ou $x = \frac{180 \times 9,52}{360}$ = 4 fr. 76 c. escompte de 6 mois.

Et 200 — 4, 76 = 195 fr. 24 c.; valeur actuelle du billet proposé.

Calcul mécanique (Cercle A).

Je place la première aiguille sur 360 (année), la deuxième sur le taux de l'escompte (5 fr.); je tourne celle-ci sur 100 plus le taux 5 fr. (105 fr.) : je fixe ensuite la première au point où elle est arrivée par ce premier mouvement. Je conduis alors la deuxième sur le capital (200 fr.) ou sur le temps (180 jours) ; je mène l'aiguille fixée sur le terme non occupé (soit 180 jours), et la deuxième aiguille va se placer sur (476) escompte du billet; de sorte qu'il ne reste qu'à soustraire cette somme du capital pour en avoir la valeur actuelle.

DEUXIÈME PARTIE.

DU TOISÉ USUEL.

Le Toisé est l'art de mesurer les surfaces et les solides.

Nous nous occuperons seulement des figures que l'on rencontre habituellement dans la pratique.

Des Surfaces.

Surface est ce qui a longueur et largeur, sans hauteur ou épaisseur.

Le *carré* est une surface terminée par quatre lignes droites égales, formant quatre angles droits ; on en obtient la mesure en multipliant un de ses côtés par lui-même.

EXEMPLE :

Mesurer un carré qui a 1 mètre 25 centimètres de côté.

Calcul écrit.

1 m 25 × 1 m 25 = 1 mètre carré 5625 ces.

Calcul mécanique (Cercle A).

Je place une aiguille sur 1 m. 25, l'autre sur la *Directrice*, et je conduis celle-ci sur 1 m. 25 c. : la première va se placer sur 1,5625.

Le *rectangle* ou *carré long* est une surface terminée par quatre lignes droites parallèles et égales deux à deux, et formant quatre angles droits.

On en obtient la mesure en multipliant la longueur par la largeur.

Exemple :

Mesurer un rectangle de 3 m. 25 de largeur sur 6 m. 40 de longueur.

Calcul écrit.

3 m 25 × 6 m 40 = 20 mètres carrés 80 ces.

Calcul mécanique (Cercle A).

Je place une aiguille sur 3 m. 25, l'autre sur la *Directrice*, et je conduis celle-ci sur 6 m. 40 : la première va se placer sur 20 m. 80.

Le *triangle* est une surface terminée par trois lignes, dont l'une s'appelle *base* ; l'intersection opposée à la base s'appelle *sommet*. On en obtient la mesure en multipliant la base par la moitié de la perpendiculaire abaissée du sommet sur cette base.

Exemple :

Mesurer un triangle de 8 m. 20 c. de base sur 3 m. 50 c. de hauteur perpendiculaire.

Calcul écrit :

$\frac{3^{m}50}{2} = 1^{m}75$; or, $8^{m}20 \times 1^{m}75 = 14^{m}35^{ces}$.

Calcul mécanique (Cercle A).

Je place une aiguille sur la base (8 m. 20), l'autre sur la *Directrice*; je conduis celle-ci sur la moitié (1 m. 75) de la perpendiculaire, et elle porte la première sur la surface 14 m. 35 ces.

Des Solides.

Le *solide* ou *corps* réunit les trois dimensions de l'étendue : longueur, largeur et hauteur.

Le *cube* est un solide limité par six carrés égaux ; on en obtient la mesure en multipliant une de ses arètes deux fois par elle-même.

EXEMPLE :

Mesurer un cube de 0 m. 40 c. de côté.

Calcul écrit :

$0^{m}40 \times 0^{m}40 \times 0^{m}40 = 0^{m}064000$, ou 64 millièmes de mètre cube.

Calcul mécanique (Cercles A et B).

Je place une aiguille sur le côté donné 40 (cercle A), l'autre sur la *Directrice* ; je conduis celle-ci sur 40 (cercle B), la première va se placer sur 64 : si l'on est bien pénétré des principes de la numération décimale, on dira tout de suite : 64 décimètres cubes ou 64 millièmes de mètre cube.

Le *prisme* est un solide formé par des rectangles parfaitement égaux ; il a pour base un polygone quelconque, qui le fait désigner sous les noms de prisme-triangulaire, prisme-quadrangulaire, etc. *On nomme base d'un solide la face sur laquelle il repose.*

On obtient la mesure d'un prisme en multipliant la surface de sa base par sa hauteur.

On nomme *parallélipipède* un solide terminé par six parallélogrammes dont les opposés sont parallèles et égaux. On en obtient la mesure en multipliant la longueur par la largeur et le produit par la hauteur.

EXEMPLE :

Mesurer un parallélipipède (arbre équarri), long de 10 m., large de 0 m. 33 c. et épais de 0 m. 30 c.

Calcul écrit :

$10^{m} \times 0^{m} 33 \times 0^{m} 30 =$ 0 mètre cube 99 c., c'est-à-dire 99 centièmes de mètre cube.

Calcul mécanique.

Je place une aiguille sur 10, l'autre sur la *Directrice* (on remarquera ici que les deux aiguilles se trouveront sur la *Directrice*, puisque cette ligne est marquée de 10); je conduis celle-ci sur 0 m. 33, et je fixe l'autre au point où elle est portée par ce mouvement (conséquemment sur 0 m. 33); je retourne avec la même sur la *Directrice*, puis je la porte sur 0 m. 30, et elle pousse la première sur 99, c'est-à-dire 99 centièmes de mètre cube.

Par ce qui a été dit, tant sur la surface du triangle que sur la solidité du parallélipipède et des prismes, on peut obtenir, avec le Cadran, la solidité de tous les prismes possibles.

APPLICATION DU TOISÉ AU MESURAGE DES BOIS.

De la réduction des Bois en pièces de bois marchand.

Dans l'ancien système, on mesurait les bois à la solive, et beaucoup de personnes ne connaissent même pas encore aujourd'hui d'autre mesure.

La *solive* représentait une pièce de bois de 6 pieds de longueur, 12 pouces de largeur et 6 pouces d'épaisseur ; elle équivalait donc à 5184 pouces cubes.

Elle comprenait 8 pièces de bois marchand, appelées pièces courantes dans le commerce.

La pièce courante représentait une pièce de bois de 6 pieds de longueur, 9 pouces de largeur et 1 pouce d'épaisseur.

La solive se décomposait aussi en chevilles, et elle en comptait 432.

La cheville était une pièce de bois de 1 pied de longueur sur 1 pouce de face : il en fallait 54 pour la pièce courante.

D'après ce qui a été dit, si l'on compare le nouveau système avec l'ancien, on trouve que le mètre cube, appelé stère dans le mesurage des bois, vaut 9 solives, ou 72 pièces courantes, ou 3,888 chevilles;

Que la solive vaut en stère 0,1111
Que la pièce courante vaut en stère 0,0139
Que la cheville vaut en stère 0,0002572
Que la pièce courante vaut en solive. 0,125
Et que la cheville vaut en pièce. 0,0185

Application.

Premier Exemple.— (Système métrique.)

Soit à réduire en pièces courantes 200 mètres de planches de 0 m. 25 de largeur et 0 m. 025 d'épaisseur. (1)

(1) Le mètre cube ou stère valant 72 pièces courantes, il faudra donc faire le produit des trois dimensions données, et le multiplier par 72.

Calcul écrit.

$200 \times 0^{m}\,25 \times 0^{m}\,025 \times 72 = 90$ pièces courantes.

Calcul mécanique (Cercle A).

Je place une aiguille sur 200, la deuxième sur la *Directrice* ; je conduis celle-ci sur 0 m. 25, j'arrête ensuite la première à la position qu'elle a prise par le mouvement de la deuxième, je retourne à la *Directrice* avec celle-ci, et, remettant les deux aiguilles en mouvement, je porte celle de la *Directrice* sur 0,025 ; je fixe encore la première à la nouvelle position par elle prise, et je retourne une dernière fois avec la deuxième sur la *Directrice* ; remettant alors les deux aiguilles en jeu, je porte celle de la *Directrice* sur 72, et l'autre se place sur 90, résultat demandé.

DEUXIÈME EXEMPLE.— (Ancien système.)

Soit à réduire en pièces courantes 200 pieds de feuillets de 8 pouces de largeur sur 9 lignes d'épaisseur. (1)

Calcul écrit.

$200 \times 8 \times 0^{m}\,75 \times 0^{m}\,0185 = 22$ pièces $\frac{20}{100}$ ou 1/5.

Calcul mécanique (Cercle A).

Je place une aiguille sur 200, l'autre sur la *Directrice* ; je conduis celle-ci sur 8, j'arrête ensuite la première à la position qu'elle a prise par le mouvement de la deuxième, je retourne à la *Directrice* avec celle-ci, et, remettant les deux aiguilles en mouvement, je porte celle de la *Directrice* sur 0 m. 75 ; je fixe encore

(1) Il faudra toujours convertir les lignes en fractions décimales du pouce, ce qui se fait en ajoutant des zéros au nombre de lignes à convertir, et en divisant par 12 ; ainsi 9 lignes = 900/12es ou 75 cent. de pouce.

On sait qu'en multipliant des pouces carrés par des pieds de longueur, on obtient des chevilles, et que la cheville vaut 0 m. 0185 m. de pièce courante.

la première à la nouvelle position par elle prise, et je retourne une dernière fois avec la deuxième sur la *Directrice* : remettant alors les deux aiguilles en jeu, je porte celle de la *Directrice* sur 0 m. 0185, et l'aùtre se place sur le résultat demandé, soit 22 pièces courantes 2/10.

TROISIÈME EXEMPLE. — (Ancien système.)

Soit à déterminer en solives la solidité d'une poutre longue de 18 pieds sur 11 à 14 pouces de face. (1)

Calcul écrit.

$18 \times 14 \times 11 \times 0^{m}\ 00231 = 6$ solives 40 centièmes.

Calcul mécanique (Cercle A).

Je place une aiguille sur 18, l'autre sur la *Directrice;* je conduis celle-ci sur 14, et j'arrête ensuite la première à la position qu'elle a prise par le mouvement de la deuxième. Je replace celle-ci sur la *Directrice*, puis, remettant les deux aiguilles en jeu, je pose celle de la *Directrice* sur 11 : je fixe encore la première à la nouvelle position par elle prise, et je retourne une dernière fois avec la deuxième sur la *Directrice*. Alors, remettant les deux aiguilles en mouvement, je mène celle de la *Directrice* sur 0 m. 00231, l'autre se place sur 6 solives 40 centièmes.

DE L'ARPENTAGE.

PREMIÈRES NOTIONS.

L'*Arpentage* est l'art de mesurer les terres, c'est-à-dire d'évaluer les superficies des terrains.

(1) On se rappelle que la cheville vaut en solive 0 m. 00231 : il suffira donc de faire le produit des trois dimensions données et de multiplier par 0 m. 00231.

La connaissance des premières notions du toisé des surfaces suffit, en arpentage, aux cultivateurs et aux ouvriers.

Les instruments dont on se sert pour arpenter sont : 1° le décamètre ou chaîne d'arpenteur, pour le métrage ; 2° l'équerre, pour abaisser des perpendiculaires ; 3° les jalons, pour figurer les bornes et guider l'arpenteur dans le tracé des lignes sur le terrain ; 4° et les fiches, pour tendre la chaîne et compter les portées.

La chaîne d'arpenteur, multipliée par elle-même, c'est-à-dire portée à l'équerre sur la longueur et la largeur, forme l'unité des mesures agraires appelée *are*, qui vaut 100 mètres carrés.

L'are a pour multiple l'*hectare,* qui vaut 100 ares, et pour sous-multiple le *centiare,* carré qui a un mètre de côté.

Toutes les surfaces rectilignes pouvant se décomposer en triangles, il suffit, pour arpenter une pièce quelconque, d'être capable d'arpenter un triangle : du reste, les carrés parfaits et les rectangles présentant l'application absolue du toisé, nous avons cru inutile de nous en occuper ici.

Pour mesurer un triangle, il faut : 1° prendre pour base un des côtés et le mesurer à la chaîne ; 2° élever sur cette base une perpendiculaire au sommet de l'angle opposé, et la mesurer comme la base ; 3° multiplier la base par la moitié de la perpendiculaire : le produit de cette multiplication représentera la superficie du triangle. (1)

Exemples :

1er. *Déterminer la superficie du triangle* ACB (fig. 1).

Je prends le côté AB pour base, je porte le décamètre sur cette base, et je trouve 3 portées ou 30 mètres ; au point A où je place l'équerre, je trouve le côté AC pour perpendiculaire ; je

(1) On remarquera que les lettres placées aux angles des figures données pour exemples représentent les jalons que l'on placerait sur le terrain, ou même les points où l'équerre devrait être fixée pour le tracé des perpendiculaires.

porte aussi le décamètre sur cette perpendiculaire et je trouve 2 portées ou 20 mètres. Alors, avec la moitié de 20 mètres, je fais l'opération suivante :

$\frac{20}{2} \times 30^{m} = 300$ mètres carrés ou 3 ares, puisque l'are vaut 100 mètres carrés, et j'ai 3 ares pour la superficie demandée.

2e. *Déterminer la superficie du triangle* ACB (fig. 2).

Je prends le côté AB pour base, que je trouve être de 40 mètres; je prolonge cette base jusqu'au point *a* pour obtenir la perpendiculaire *a*C, qui mesure 30 mètres, et prenant la moitié de cette dimension, je fais l'opération suivante :

$\frac{30}{2} \times 40 = 600$ mètres carrés, de sorte que la superficie demandée est de 6 ares.

3e. *Déterminer la superficie du triangle* ACB (fig. 3).

Je prends le côté AB pour base, je porte la chaîne sur cette base, et je trouve 2 portées, plus 5 mètres 5 décimètres, ce qui donne 25 m. 5; au point *b* où je place l'équerre, j'élève la perpendiculaire *b*C, que je mesure comme la base, et qui compte 2 portées et 4 mètres, c'est-à-dire 24 m. : multipliant ensuite la base par la moitié de la perpendiculaire, ainsi : $25^{m}\,5 \times 24$ divisé $2 = 306$ mètres carrés ; j'obtiens, pour superficie du triangle proposé, 306 mètres carrés ou 3 ares 06 centiares.

4e. *Déterminer, par une seule perpendiculaire, la superficie de chacun des triangles adjacents* (fig. 4 et 5).

Après avoir mesuré les deux bases AC, CB, je cherche sur le prolongement le point *b*, sur lequel j'élève une perpendiculaire en D, laquelle compte 4 portées ou 40 mètres : prenant la moitié de cette dimension, soit 20, je multiplie la base CB, ou 15 mètres par cette moitié 20, et j'ai 3 ares pour le triangle CDB (fig. 4) ; multipliant ensuite par cette même moitié 20 m. la base AC ou 20 m., j'obtiens 4 ares pour le triangle ADC (fig. 5).

5°. *Déterminer, sur une seule base, la superficie des deux triangles adjacents* (fig. 6 et 7).

Je prends le côté AB pour base commune : cette base mesure 50 m. 4 ; je cherche sur le prolongement le point *a* sur lequel j'élève la perpendiculaire *a*C ; je mesure cette perpendiculaire du point *a* au point *d* correspondant, à l'équerre, tant avec le point *a* qu'avec le jalon O marquant la séparation des deux triangles, et j'obtiens 25 mètres pour cette partie. Je continue le métrage à partir du point *d* jusqu'au sommet C, et j'ai 30 mètres pour cette seconde partie.

Alors, pour avoir 1° la superficie du triangle ACB (fig. 6), je multiplie la base 50 m. 4 par la moitié de la hauteur perpendiculaire *a d*, soit par 25 divisé par 2, et je trouve 6 ares 25 centiares ; 2° la superficie du triangle OCB (fig. 7), je multiplie la base AB (50 m. 4 d.) par la moitié de la hauteur perpendiculaire *d*C, soit par 30 divisé par 2, et il vient 7 ares 50 centiares.

6°. *Déterminer séparément la superficie du quadrilatère et celle du triangle compris au triangle* ACB (fig. 8 et 9).

Je cherche d'abord la superficie totale du triangle ACB, et, à cet effet, je multiplie la base AB (100 m.) par la demi-hauteur AC ou 70 divisé par 2, ce qui donne 35 ares.

Je détermine ensuite la superficie du triangle compris DEB ainsi : DB 70 $\times \frac{bE\ 35}{2}$ = 12 ares 25 c.

Il reste à soustraire ce triangle DEB ou 12 ares 25 de 35 ares, superficie totale, le reste égale 22 ares 75, superficie du quadrilatère compris ACED.

Donc le quadrilatère = 22 ares 75, et le triangle = 12 ares 25.

7°. *Déterminer la superficie du quadrilatère* ABCD (fig. 10), *en prenant le plus grand côté pour base, et en divisant la figure en triangles.*

Je prends pour base le côté AB, j'élève une perpendiculaire de *b* en D : le côté AC se trouvant perpendiculaire sur la base, toutes les dimensions nécessaires pour le calcul sont trouvées.

Ainsi qu'on le voit par la disposition de la figure, les diagonales AD et *b*C, qui n'existent ici que pour la démonstration, tombent sur la base au pied de chaque perpendiculaire et divisent le quadrilatère en triangles, de sorte qu'il ne s'agit plus que d'examiner comment ces triangles doivent être considérés relativement à l'ensemble du quadrilatère.

D'abord, le triangle AC*b* fait partie intégrante de l'ensemble ; le triangle ADB appartient aussi entièrement à la superficie totale.

On objectera peut-être qu'en procédant ainsi, le triangle AC*b*, formé par l'intersection O des deux diagonales, se trouve compris deux fois dans la superficie du quadrilatère ; mais ce double emploi est compensé par la suppression du triangle égal COD, pour lequel nous ne faisons aucun calcul.

Quant à l'égalité de ces deux triangles, nous renvoyons à la géométrie pour en avoir la démonstration, notre plan ne nous permettant pas de traiter cette matière.

Opération :

$$\left.\begin{array}{l} AC\ \frac{(48)}{2} \times Ab\ (60) = ACb \text{ ou } 14^{a}\ 40 \\ Db\ \frac{(40)}{2} \times AB\ (68) = ADB \text{ ou } 13^{a}\ 60 \end{array}\right\} = ABCD \text{ ou } 28^{a}.$$

8e. ***Déterminer la superficie du quadrilatère*** (fig. 11) ***par le même procédé que dans l'exemple précédent.***

Après avoir jalonné et mesuré la pièce sur les dimensions données par les lettres indicatrices, je fais le produit du triangle AC*b*, ou, si l'on veut, pour éviter toute objection, le produit du triangle ACD ; ainsi :

$$AC\ (50) \times \frac{AB\ *\ (54 + 15)}{2} = 17 \text{ ares } 15 \text{ c.}$$

* Deux triangles compris par une base commune entre deux parallèles sont nécessairement égaux en hauteur ; et, comme les perpendiculaires abaissées sur une même base sont parallèles entre elles, en prenant pour base le côté AC, il est facile d'admettre que la hauteur A*b* du triangle A*b*C est aussi la hauteur du triangle ADC.

Je détermine eusuite la superficie du triangle ADB ainsi :

$$bD\ (40) \times \frac{AB\ (54)}{2} = 10 \text{ ares } 80 \text{ c.}$$

Et je réunis les deux produits pour avoir la mesure de l'ensemble ; ainsi :

$$ACD = (17\ 25) + ADB\ (10^{a}\ 80^{c}) = ABCD\ (\text{ou } 28^{a}\ 05^{c}).$$

9ᵉ. *Déterminer la superficie du quadrilatère* ABCD (fig. 12).

Je prends le côté AB pour base, j'élève les perpendiculaires *a*C et *b*D ; je mesure ensuite à la chaîne la base et les deux perpendiculaires selon les divisions marquées, pour la base, par les lettres indicatrices *a*, *b* ; il me reste à multiplier entre elles les dimensions obtenues ; ainsi :

$$ACb = Ab\ \frac{(20 + 60)}{2} \times aC\ (50) = \quad 20 \text{ ares.}$$
$$aDB = aB\ \frac{(60 + 20)}{2} \times bD\ (40) = \quad 16 \text{ ares.}$$

Et le quadrilatère ABCD $= (20^{a} + 16)$ 36 ares.

10ᵉ. *Déterminer la superficie du quadrilatère* ABCD (fig. 13).

Je prends le côté AB pour base, j'élève les perpendiculaires en observant les sections marquées par les lettres indicatrices. Ensuite, pour avoir la superficie, je calcule séparément les triangles AC*b* et *a*DB ; ainsi :

$$1^{er}.\ Ab\ (44 + 14) \times \frac{aC\ (40)}{2} = ACb \text{ ou } 11 \text{ ares } 60 \text{ cent.}$$
$$2^{e}.\ aB\ (30 + 44) \times \frac{dD\ (50)}{2} = aBD \text{ ou } 18 \text{ ares } 50 \text{ cent.}$$

Et le quadrilatère ABCD = 30 ares 10 cent.

11ᵉ. *Déterminer la superficie du quadrilatère* ABCD (fig. 14), *arpenté sur une diagonale.*

Je traverse la pièce de A en D, et je jalonne cette ligne aux points *a* et *b* sur lesquels j'abaisse les perpendiculaires *a*C et *b*B ;

je porte ensuite la chaîne sur la ligne jalonnée ou diagonale, et sur les perpendiculaires obtenues; j'additionne les deux perpendiculaires, et, prenant la moitié de leur somme, je la multiplie par la diagonale : le produit représente la superficie du quadrilatère; ainsi :

$$\left(\frac{aC\ 20 + bB\ 30}{2}\right) \times (AD\ 70) = ABCD \text{ ou } 17 \text{ ares } 50 \text{ c.}$$

12°. *Déterminer la superficie du polygone* (fig. 15).

Je divise la figure en triangles et en quadrilatères, et j'opère sur chaque partie selon les procédés qui lui sont propres. Je réunis ensuite les produits ainsi obtenus séparément : leur somme représente la superficie totale.

Pour abréger les calculs des figures ainsi divisées, il faudra se rappeler :

1° Qu'on obtient la superficie de deux triangles qui ont une base commune, en multipliant cette base par la moitié de la somme des deux perpendiculaires correspondantes;

2° Qu'on obtient la superficie de deux triangles qui ont la même hauteur perpendiculaire, en multipliant la somme de leurs bases par la moitié de cette hauteur.

Tous le problèmes qui précèdent présentant l'application de la multiplication, il serait facile d'en obtenir la solution sur le *Cadran-compteur*, dont les résultats, exacts jusqu'aux centiares inclusivement, suffisent dans la pratique.

TROISIÈME PARTIE.

TABLES

POUR LA COMPARAISON, LA CONVERSION ET LA RÉDUCTION DES MESURES, DES BOIS, ETC.

Comparaison des Mesures.

Pour convertir des mesures anciennes en mesures métriques de même sorte et réciproquement, il faut établir entre les unités un rapport ou une comparaison. Pour cela, on les réduit en parties fractionnaires de même espèce, et on cherche le quotient des unes divisées par les autres.

Ainsi : *Soit à convertir le mètre en toise.*

La longueur légale du mètre est de 3 pieds 11 lignes 296 millièmes de ligne, ou 443 lignes 296 millièmes.

La toise vaut 6 pieds ou 864 lignes.

Ces deux longueurs, exprimées en millièmes de ligne, donnent :

1 mètre	443296
1 toise.	864000

D'où la toise vaut en mètre $\frac{804000}{443200}$, ou 1 m. 94904; et le mètre vaut en toise $\frac{443296}{804000}$, ou 0 t. 51307.

Néanmoins, dans la pratique, le mètre, évalué en toise, vaut 0 t. 50, et la toise, évaluée en mètres, égale 2 m.

Cela posé, nous allons donner des tables de conversion, avec la manière d'appliquer le *Cadran-compteur* aux opérations qu'elles présentent.

1re TABLE.

Conversion des anciennes Mesures en nouvelles et réciproquement.

ANCIENNES MESURES.	NOUVELLES MESURES.
Mesures de Longueur.	
1 Lieue géogr. vaut 0. 4143 myriam.	1 Myriamètre vaut 2. 143 lieues géog.
1 Toise vaut 1. 949 mètre	1 Mètre vaut 0.51307 toise.
1 Aune usuelle vaut 1. 20 mètre.	1 Mètre vaut 0. 833 aune.
1 Pied vaut 0. 325 mètre.	1 Mètre vaut 3. 078 pieds.
1 Pied vaut 3. 255 décim.	1 Décimètre vaut 0. 3078 pied.
1 Pouce vaut 2. 706 centim.	1 Centimètre vaut 0. 3696 pouce.
1 Ligne vaut 2. 25 millim	1 Millimètre vaut 0. 4444 ligne.
Mesures de Surface.	
1 Toise carrée vaut 3. 7987 m carrés.	1 Mètre carré vaut 0. 2632 toise carrée.
1 Pied carré vaut 0. 1055 m carré	1 Mètre carré vaut 9. 478 pieds carrés.
1 Pied carré vaut 10. 5521 déc. carrés.	1 Déc. carré vaut 0. 0947 pied carré.
1 Pouce carré vaut 7. 3278 cent. carrés	1 Cent. carré vaut 0. 1364 pouce carré.
1 Ligne carrée vaut 5. 09 mill. carrés	1 Mill. carré vaut 0. 1963 ligne carrée.
Mesures de Volume.	
1 Toise cube vaut 7. 404 mèt. cubes.	1 Mètre cube vaut 0. 135 toise cube.
1 Pied cube vaut 0.0343 mèt. cube.	1 Mètre cube vaut 29. 154 pieds cubes.
1 Pied cube vaut 34. 277 déc. cubes	1 Déc cube vaut 0.0291 pied cube.
1 Pouce cube vaut 19. 836 cent cubes.	1 Cent cube vaut 0.0504 pouce cube.
1 Ligne cube vaut 11. 479 mill. cubes.	1 Mill. cube vaut 0.0871 ligne cube.
1 Solive usuelle vaut 0. 111 stère.	1 Stère vaut 9. 〃 solives usles
1 Voie de Paris vaut 1. 921 stère.	1 Stère vaut 0. 52 voie.
1 Corde vaut 3. 841 stères.	1 Stère vaut 0. 26 corde.

ANCIENNES MESURES.				NOUVELLES MESURES.			
			Mesures de Capacité.				
1 Muid	vaut	18.	73 hectolitres.	1 Hectolitre	vaut	0.0533	muid.
1 Setier	vaut	1.	56 hectolitre.	1 Hectolitre	vaut	0. 641	setier.
1 Boisseau	vaut	0.	13 hectolitre.	1 Hectolitre	vaut	7. 692	boisseaux.
1 Boisseau	vaut	1.	301 décalitre.	1 Décalitre	vaut	0. 769	boisseau.
1 Velte	vaut	7.	45 litres.	1 Litre	vaut	0. 134	en velte.
1 Pinte	vaut	0.	931 litre.	1 Litre	vaut	1. 75	pinte.
			Mesures de Pesanteur.				
1 Livre usuelle	vaut	0.	5 kilogr.	1 Kilogr.	vaut	2. 〃	liv usuelles
1 Livre usuelle	vaut	5.	〃 hectog.	1 Hectogr.	vaut	0. 2	liv. usuelle.
1 Once	vaut	3.	11 décagr.	1 Décagr.	vaut	0. 328	onces.
1 Gros	vaut	3.	888 grammes.	1 Gramme	vaut	0. 262	gros
1 Grain	vaut	0.	54 décigr.	1 Décigr.	vaut	1. 88	grain.
			Monnaies.				
1 Liv. tournois	vaut	0.	99 franc.	1 Franc	vaut	1. 01	livre tourn.

Applications.

1° Conversion.

Soit à convertir 6 aunes en mètres.

Calcul écrit.

Puisque l'aune vaut 1 m. 20, 6 aunes vaudront 6 fois plus; or : $1,20 \times 6 = 7,20$; d'où 6 aunes valent 7 m. 20 c.

Calcul mécanique.

Je place une aiguille (cercle A) sur la valeur comparative, soit sur 1,20, l'autre sur la *Directrice* : je conduis celle-ci sur la quantité donnée, soit sur 6, et la première se porte sur la réponse, 7 m. 20.

2° Comparaison des prix.

Déterminer le prix du mètre, l'aune coûtant 24 fr.

Calcul écrit.

Puisque le mètre vaut 0,833 aune, lorsque l'aune coûte 24 fr., le mètre coûtera 833 millièmes de fois 24 fr., d'où 24 × 0,833 = 20 fr., prix du mètre.

Calcul mécanique.

Je place une aiguille sur la valeur comparative, soit sur 0,833, l'autre sur la *Directrice* : je conduis celle-ci sur le prix donné, soit 24 fr., et la première se porte sur le prix comparatif, soit sur 20 fr.

2e TABLE.

Conversion des anciennes Verges de l'Aisne en ares et centiares, et réciproquement.

DÉNOMINATION DE L'ANCIENNE VERGE.	LONGUEUR DE L'ANCIENNE VERGE.	SA VALEUR en Ares.	VALEUR RÉCIPROQUE de l'Are.
Verge du duché de Guise . .	22 pieds de 10 p. 8 l.	0,40348	2 v. 4781
— de Montcornet	22 pieds 1/2 de 11 p.	0,44888	2 v. 228
— de Vermandois. . . .	22 pieds de 11 pouces.	0,42910	2 v. 3302
— d'Hirson.	24 pieds de 11 pouces.	0,51072	1 v. 958
— d'Ordonnance	22 pieds de 12 pouces.	0,51072	1 v. 958
— d'Harcigny.	22 pieds 1/2 de 12 p.	0,5342	1 v. 872
— de Noyon.	25 pieds de 10 p. 7/8.	0,5416	1 v 846
— de Chauny.	24 pieds de 10 p. 1/2.	0,46535	2 v. 149
— de Pierrefonds	20 pieds 1/3, 12 pouces pour pied.	0,43627	2 v. 272
— de Gesvres.	20 pieds de 12 pouces.	0,4221	2 v. 369
— de Bondival	22 pieds 2/3 de 10 p.	0,391	2 v. 557
— de Braisne.	21 pieds 10 pouces 2/3 du pied.	0,3677	2 v. 72
— du Câteau	20 pieds de 11 pouces.	0,3547	2 v. 82
— de Neufchâtel	10 pieds 1/2, 11 pouces du pied.	0,33714	2 v. 966
— de St-Médard-la-Potée.	19 pieds de 11 pouces.	0,3201	3 v. 124
— de St-Méd.-l.-Soissons.	16 pieds 10 pouces, 12 pouces du pied.	0,299	3 v. 344

Applications.

1° Conversion.

Convertir 8 verges d'Ordonnance en ares.

La verge vaut en ares 0,5107, 8 verges vaudront 8 fois plus.

Calcul écrit.

0,5107 × 8 = 4,0856, d'où 8 verges égalent 4 ares 08 centiares 56 centièmes.

Calcul mécanique.

Je place une aiguille sur la valeur comparative, soit 0,5107, l'autre sur la *Directrice* : je conduis celle-ci sur la quantité donnée, et la première se porte sur la quantité comparative 4 ares 08 centiares 56 cent.

2° Comparaison des prix.

La verge de Guise coûte 30 fr., quel est le prix de l'are ?

L'are vaut en verges 2 v. 4781, donc il coûtera 2 fois 4781 dix millièmes de fois le prix de la verge, d'où :

Calcul écrit.

30 × 2,4781 = 74,3430 ; donc l'are coûte 74 fr. 34 c.

Calcul mécanique.

Je place une aiguille sur la valeur comparative (2,4781), l'autre sur la *Directrice* : je conduis celle-ci sur le prix (30 fr.), la première va se placer sur le prix comparatif de l'are, soit 74 fr. 34 c.

3e TABLE.

De l'emploi des Matériaux dans les constructions.

NATURE des CONSTRUCTIONS.	DÉNOMINATION des MATÉRIAUX A EMPLOYER PAR MÈTRE CARRÉ OU CUBE.	QUANTITÉ de MATÉRIAUX.
Pavages	Briques de 0.222, sur 0.1100 et 0.0555	40
	Carreaux de 0,1667	36
	Carreaux à six pans de 0.0833	55
	Carreaux à huit pans de 0.0555	67
	Faces. de 0.2083 sur 0.1041	46
Mur	Briques comme dessus	729
Couvertures	Chevrons d'un mètre	3
	Feuillets d'un mètre sur 0.1667	6
	Ardoises Grand-St-Lonis, Fumay, Grenu	57
	Ardoises Petit-St-Louis	75
	Ardoises communes	102

APPLICATION.

Soit proposé de carreler, avec des carreaux à 6 pans, une chambre longue de 6 mètres et large de 5.

Il faut d'abord déterminer la surface de la place à paver, et conséquemment multiplier la longueur par la largeur; multiplier ensuite la superficie par le nombre de carreaux nécessaire pour le carrelage d'un mètre carré, ainsi :

Calcul écrit.

$5 \times 6 = 30$ mètres carrés, et comme il faut 55 carreaux à 6 pans par mètre carré, on a : $30 \times 55 = 1650$; d'où il faudra 1650 carreaux pour le carrelage proposé.

Calcul mécanique (Cercle A).

Je place une aiguille sur la longueur (6), l'autre sur la *Directrice* : je conduis celle-ci sur la largeur (5), et elle porte la première sur la surface (30), où je la maintiens. Je retourne à la *Directrice* avec la deuxième, et laissant alors les deux aiguilles en jeu, je conduis celle de la *Directrice* sur le nombre de carreaux pour mètre (55), la première s'arrête sur le résultat demandé (1650).

4e TABLE.

Du jaugeage des Tonneaux par la diagonale de la bonde à l'un des fonds.

Diagonale.	Contenance.	Diagonale.	Contenance.	Diagonale.	Contenance.	Diagonale.	Contenance,
25	10 l. 35	44	53 l.	63	155 l.	82	338 l.
26	11 80	45	57	64	163	83	350
27	12 45	46	61	65	171	84	362
28	14 60	47	65	66	179	85	374
29	16 80	48	69	67	187	86	388
30	17 40	49	74	68	195	87	402
31	19 10	50	79	69	204	88	416
32	21 60	51	84	70	212	89	431
33	23 "	52	89	71	219	90	446
34	25 40	53	94	72	229	91	459
35	27 80	54	99	73	239	92	475
36	30	55	105	74	249	93	491
37	32	56	111	75	260	94	507
38	35	57	117	76	271	95	523
39	38	58	123	77	282	96	540
40	41	59	129	78	293	97	557
41	44	60	135	79	304	98	574
42	46	61	141	80	315	99	591
43	49	62	147	81	326	100	608

Application.

Trouver en litres la contenance du tonneau (fig. 16).

Prenez un mètre, enfoncez-le par la bonde A jusqu'à l'un des fonds, de manière à former une ligne transversale aboutissant au point B de la circonférence : assurez-vous de la valeur de cette ligne en centimètres, et cherchez cette valeur à la table, ligne diagonale, vous trouverez en regard, sans calcul, la contenance du tonneau. Ainsi, si la ligne AB égale 60 centimètres, la capacité du tonneau sera de 135 litres.

5e TABLE.

DU TOISÉ DES TONNEAUX.

Multiplicateurs servant à déterminer la capacité des tonneaux, sur la connaissance qu'on a de leurs dimensions.

CAPACITÉ APPARENTE du TONNEAU A MESURER.	MULTIPLICATEURS pour LE CALCUL ÉCRIT sur le diamètre.	MULTIPLICATEURS pour LE CALCUL ÉCRIT sur la circonférence.	MULTIPLICATEURS pour LE CADRAN sur le diamètre.	MULTIPLICATEURS pour LE CADRAN sur la circonférence.
De 10 à 50	0.825	0.0835	1,212	11,97
De 50 à 100	0 821	0.0831	1,216	12,02
De 100 à 150	0.818	0.0828	1,222	12,07
De 150 à 200	0 814	0.0824	1,238	12,13
De 200 à 300	0 813	0.0823	1,230	12,14
De 300 à 400	0 812	0.0822	1,232	12,15
De 400 à 500	0.810	0.0820	1,235	12,20
De 500 à 600	0.808	0.0818	1,236	12,22
De 600 à 700	0 806	0.0816	1,240	12,25
De 700 à 800	0.804	0.0814	1,243	12,28
De 800 à 900	0.802	0.0812	1,246	12,31
De 900 à 1000	0.800	0.0810	1,247	12,35

APPLICATION.

Pour mesurer un tonneau quelconque, prenez à la bonde et à

l'un des fonds, soit la circonférence, soit le diamètre ; additionnez les deux résultats obtenus, prenez la moitié de leur somme, multipliez cette moitié par elle même, et le produit par la longueur du tonneau : le résultat de ces multiplications successives étant lui-même multiplié par le nombre constant correspondant ou au diamètre ou à la circonférence, selon que vous aurez pris l'une ou l'autre de ces dimensions, donnera la capacité exacte du tonneau proposé.

Exemple :

Trouver la contenance d'un tonneau de 0 m. 66 c. de diamètre à la bonde, 0,54 au fond, et long de 0,80.

Calcul écrit.

$\frac{0,66 + 0,54}{2}$ = 0,60 ; 0,60 × 0,60 × 0,80 × 813 (nombre constant) = 234,14, d'où le tonneau proposé contient 234 litres 14 c.

Calcul mécanique. (Usage des trois cercles).

Je détermine d'abord le diamètre moyen comme dans le calcul écrit ; puis, je place une aiguille sur la longueur (0,80) au cercle A, l'autre sur le nombre constant 123 (cercle A), je tourne celle-ci sur le diamètre moyen (0,60), au cercle B, et la première se place sur la capacité (au cercle A), soit sur 234 litres 14 cent.

S'il s'agissait d'opérer sur la circonférence, les procédés seraient absolument les mêmes, tant pour le calcul écrit que pour le calcul mécanique, et l'on ne ferait usage que du cercle A.

6e TABLE (1).

DU TOISÉ DES SURFACES CIRCULAIRES ET DES SOLIDES SPHÉRIQUES.

Nombres constants pour déterminer 1° les dimensions réciproques des surfaces circulaires et équivalentes ; 2° la superficie du cercle et de l'ovale ; 3° et le volume des cylindres, cônes et sphéroïdes.

VALEURS CONNUES.	MULTIPLICATEURS pour le Calcul.	MULTIPLICATEURS pour le Cadran.	PRODUITS OBTENUS.
1° DU CERCLE.			
Le diamètre multiplié par	3. 142	3. 142	égale la circonférence.
Le carré du diamètre multipl par.	0. 7857	1. 275	— la surface du cercle
Le carré du diamètre multipl. par.	0. 5013	1. 998	— la superficie du carré inscrit.
Le diamètre multiplié par	0. 7081	0. 7081	— le côté du carré inscrit.
Le diamètre multipilé par	0. 8861	0. 8861	— le côté du carré équivalent.
Le diamètre multiplié par	lui-même	"	— le carré circonscrit
La circonférence multipliée par. .	0. 3182	0. 3182	— le diamètre.
Le carré de la circonférence multiplié par.	0. 07954	1258	— la surface du cercle
Le carré de la circonférence multiplié par.	0. 05075	1971	— le carré inscrit.
La circonférence multipliée par. .	0. 2253	0. 2253	— le côté du carré inscrit.
La circonférence multipliée par. .	0. 282	0. 2820	— le côté du carré équivalent.
La circonférence multipliée par. .	2. 227	2. 2270	— le carré inscrit.
2° DU CYLINDRE.			
Le carré du diamètre multiplié par la longueur et le produit par. .	0. 7857	1. 275	égale la solidité.
Le carré de la circonférence multiplié par la longueur et le produit par.	0. 07954	0. 1258	— la solidité.

(1) Les nombres constants de cette table servent également pour les mesures légales et les mesures anciennes.

Suite de la 6e Table.

VALEURS CONNUES.	MULTIPLICATEURS pour le Calcul.	MULTIPLICATEURS pour le Cadran.	PRODUITS OBTENUS.
3° DU CÔNE.			
Le carré du diamètre multiplié par la hauteur et le produit par . .	0. 2619	3. 825	égale la solidité.
Le carré de la circonférence multiplié par la hauteur et le produit par.	0. 02651	3. 780	— la solidité.
4° DE LA SPHÈRE.			
La circonférence multipliée deux fois par elle-même et le produit par.	0.016877	5925	— la solidité.
Le diamètre multiplié deux fois par lui-même et le produit par.	0. 52392	1912	— la solidité.
Le carré de la circonférence multiplié par.	0. 3182	3147	— la surface.
Le carré du diamètre multiplié par.	3. 142	3188	— la surface.
5° DE L'OVALE ET DE LA SPHÉROÏDE.			
Le petit axe multiplié par le grand et le produit par.	0. 7857	1275	égale la surface plane.
La circonf. du petit axe multipl. par la courbe du grand et le prod. par.	0. 3182	3147	— la surface convexe
Le carré du petit axe multiplié par le grand axe et le produit par.	0. 52392	1912	— égale la solidité.

APPLICATION.

On propose de déterminer la contenance d'une citerne de 2 mètres de diamètre sur 8 mètres de profondeur.

Il s'agit ici du cylindre : j'examine la table, et je vois que le carré du diamètre multiplié par la longueur (ou profondeur) et le produit par le multiplicateur constant correspondant, égale la solidité ; j'obtiendrai donc le résultat demandé en faisant l'opération suivante :

Calcul écrit.

2 × 2 × 8 × 0,7857 (nombre constant) = 25,142,4.

Le produit présente des mètres cubes ; mais quand on saura qu'un mètre cube et un kilolitre (ou mille litres) occupent une place semblable, ou du moins équivalente, dans l'espace, on dira : la citerne proposée contient 25 kilolitres 142 litres et 4 décilitres.

Calcul mécanique (Usage des trois cercles).

Je place une aiguille sur la longueur (8) au cercle A, l'autre sur le nombre constant (1275) au même cercle ; je conduis celle-ci sur le diamètre (2), au cercle B, et la première va se placer sur 25,1424, cercle A.

Nous ne multiplierons pas les exemples, tous les problèmes qu'on pourrait proposer sur l'emploi de la table, devant nécessairement se résoudre par les mêmes procédés.

7e TABLE.

DE LA RÉDUCTION DES BOIS DE CHARPENTE EN SOLIVES.

Multiplicateurs constants appropriés aux surfaces des bases des pièces proposées, et servant pour le calcul écrit.

Centimètres. . .		5.54	8.31	11.08	13 85	16 62	19.39	22.16	24.93	27.70	30 47	33.34	36.01
Centim.	Pouces.	2	3	4	5	6	7	8	9	10	11	12	13
5.54	2	0093	0139	0185	0232	0278	0324	0370	0417	0463	0510	0556	0612
8.31	3	0139	0208	0278	0347	0417	0486	0556	0625	0695	0761	0833	1003
11.08	4	0185	0278	0370	0463	0556	0648	0741	0833	0926	1020	1101	1204
13.85	5	0232	0347	0463	0579	0695	0810	0926	1043	1158	1273	1389	1535
16.62	6	0278	0417	0556	0695	0833	0972	1111	1250	1389	1528	1667	1806
19.39	7	0324	0486	0649	0810	0972	1134	1296	1458	1621	1782	1945	3107
22.16	8	0370	0556	0742	0927	1111	1296	1482	1667	1852	2037	2222	2408
24.93	9	0417	0625	0835	1043	1250	1458	1667	1875	2084	2282	2500	2709
27.70	10	0464	0695	0928	1158	1389	1620	1852	2084	2315	2547	2778	3010
30.47	11	0510	0764	1019	1273	1528	1782	2057	2282	2547	2801	3056	3311
33.34	12	0556	0833	1111	1389	1667	1945	2222	2500	2778	3056	3334	3611
36 01	13	0612	0903	1204	1535	1806	2107	2408	2709	3010	3311	3611	3912

Suite de la 7e TABLE.

Centimètres. . .		38.78	41.55	44.32	47.09	49.86	52.63	55 70	58.47	61.14	63.91	66.68	69.45
Centim.	Pouces.	**14**	**15**	**16**	**17**	**18**	**19**	**20**	**21**	**22**	**23**	**24**	**25**
5.54	2	0648	0695	0741	0787	0833	0880	0926	0972	1019	1065	1111	1157
8 33	3	0972	1040	1111	1181	1250	1320	1389	1458	1528	1597	1667	1736
11.08	4	1296	1389	1482	1574	1668	1579	1852	1946	2037	2130	2222	2315
13.85	5	1621	1736	1852	1968	2084	2199	2315	2431	2546	2662	2778	2894
16 62	6	1045	2084	2222	2361	2500	2639	2778	2917	3056	3195	3334	3473
19.39	7	2269	2431	2593	2754	2917	3079	3241	3403	3665	3727	3889	4051
22.16	8	2593	2778	2963	3148	3334	3519	3704	3889	4074	4260	4445	4630
24.93	9	2917	3126	3334	3542	3750	3919	4167	4375	4584	4702	5000	5209
27 70	10	3241	3473	3704	3935	4167	4385	4630	4861	5093	5324	5556	5787
30.47	11	3566	3821	4076	4319	4584	4828	5093	5348	5502	5857	6112	6366
33.34	12	3889	4167	4445	4722	5000	5268	5556	5834	6012	6389	6667	6945
36.01	13	4213	4514	4815	5116	5417	5708	6019	6320	6521	6922	7223	7524
38.78	14	4537	4862	5186	5509	5834	6148	6482	6806	7030	7454	7778	8103
41.55	15	4862	5209	5556	5903	6250	6588	6945	7292	7539	7987	8334	8681

Suite de la 2e TABLE.

(Les nombres portés à cette table, et dans lesquels l'unité n'est pas séparée par la virgule, se composent des quatre premiers ordres décimaux.)

Centimètres. . .		38.78	41.55	44.32	47.00	49.86	52.63	55.70	58.47	61.14	63.91	66.68	69.45
Centim.	Pouces.	14	15	16	17	18	19	20	21	22	23	24	25
44.32	16	5186	5556	5926	6296	6667	7028	7408	7778	8049	8515	8890	9260
47.09	17	5500	5913	6296	6690	7084	7477	7881	8264	8658	9051	9445	9838
49.86	18	5834	6250	6667	7084	7500	7917	8334	8751	9167	9584	1,000	1,042
52.63	19	6148	6588	7028	7477	7917	8357	3797	9337	9677	1,012	1,056	1,100
55.70	20	6482	6945	7408	7871	8334	8707	9260	9723	1,010	1,065	1,111	1,158
58.47	21	6806	7292	7778	8264	8751	9337	9733	1,021	1,070	1,118	1,167	1,215
61.14	22	7030	7539	8049	8658	9167	9677	1,019	1,070	1,120	1,171	1,222	1,273
63 91	23	7454	7987	8519	9051	9584	1,012	1,065	1,118	1,171	1,225	1,278	1,331
66.68	24	7778	8334	8890	9445	1,000	1,056	1,111	1,167	1,222	1,278	1,333	1,389
69.45	25	8103	8681	9260	9838	1,042	1,110	1,158	1,215	1,273	1,331	1,389	1,447
72.22	26	8427	9028	9330	1,023	1,083	1,144	1,204	1,264	1,324	1,384	1,444	1,505
75.99	27	8750	9275	1,000	1,063	1,125	1,188	1,250	1,313	1,375	1,437	1,500	1,563
78.75	28	9075	9723	1,037	1,121	1,167	1,232	1,296	1,361	1,426	1,491	1,555	1,620
81.53	29	9399	1,007	1,074	1,141	1,208	1,276	1,343	1,410	1,477	1,544	1,611	1,678
83.30	30	9723	1,042	1,111	1,181	1,250	1,319	1,389	1,458	1,528	1,507	1,667	1,736

APPLICATION DE LA 7e TABLE.

Donner la valeur en solives d'une poutre portant 11 à 14 pouces de face sur 20 pieds de longueur.

Je prends à la table la colonne portant en tête le chiffre 14, et je la descends jusqu'à la colonne transversale commençant par 11, où je trouve pour multiplicateur constant 0,3566 : alors, multipliant la longueur (20 pieds) par ce nombre constant (0,3566), j'obtiens au produit 7 solives 13 centièmes.

Si l'on voulait opérer sur des centimètres, on trouverait encore les nombres constants en suivant les indications marquées par les chiffres placés dans la colonne enveloppante; mais il faudrait toujours exprimer la longueur en pieds ou en fractions décimales du pied.

La table qui précède n'est applicable qu'au calcul écrit, comme celle qui va suivre n'est applicable qu'au calcul mécanique.

Elles sont l'une et l'autre appropriées, pour ainsi dire exclusivement, à l'ancien calcul.

(*Suit la 8e table.*)

8e TABLE.

Des nombres constants servant sur le Cadran-compteur pour la réduction des Bois de charpente en solives. (1)

Faces.	Nombres constants.	Faces.	Nombres constants.	Faces.	Nombres constants.	Faces.	Nombres constants.
Pouces.		Pouces.		Pouces.		Pouces.	
1. "	432	8.25	52,4	14.50	29,8	20.75	20,8
1.50	288	8 50	51,8	14.75	29,2	21. "	20,5
2. "	216	8.75	49,3	15. "	28,7	21.25	20,3
2.50	173	9 "	48,0	15.25	28,3	21.50	20,1
3. "	144	9.25	46,7	15 50	27,8	21.75	19,8
3.25	133	9.50	45,5	15.75	27,4	22. "	19,6
3.50	123	9.75	44,3	16. "	27,0	22.25	19,4
3.75	115	10. "	43,2	16.25	26,7	22.50	19,2
4. "	108	10.25	42,0	16 50	26,1	22 75	19,0
4.25	102	10.50	41,1	16.75	25,7	23. "	18,8
4.50	96	10.75	40,1	17. "	25,4	23 25	18,6
4 75	91	11. "	39,2	17.25	25,0	23.50	18,3
5. "	86,5	11.25	38,4	17.50	24,7	23.75	18,1
5.25	82,4	11 50	37,6	17.75	24,3	24. "	17,9
5.50	78,5	11.75	36,7	18. "	23,9	24.25	17,8
5.75	75,2	12. "	36,0	18.25	23,6	24.50	17,6
6. "	72,0	12.25	35,2	18.50	23,3	24.75	17,4
6.25	69,1	12.50	34,5	18,75	23,0	25. "	17,3
6.50	66,5	12 75	33,7	19. "	22,7	26. "	16,6
6.75	64,0	13 "	33,2	19 25	22,4	27. "	16,0
7. "	61,7	13.25	32,5	19.50	22,1	28. "	15,4
7.25	59,5	13.50	32,0	19.75	21,8	29. "	14,9
7.50	57,6	13.75	31,4	20. "	21,6	30. "	14,4
7.75	55,7	14. "	30,8	20.25	21,3	31. "	13,9
8. "	54,0	14 25	30,3	20.50	21,0	32. "	13,5

APPLICATION.

Donner la valeur en solives d'une poutre portant 11 à 14 pouces de face, sur 20 pieds de longueur.

Je place une aiguille sur la longueur 20 (cercle A), l'autre sur le nombre constant 308 correspondant à 14 pouces dans la table ci-dessus, et je la conduis sur 11, toujours au cercle A ; la première va placer sur 7 solives 13 centièmes.

(1) Dans cette table, la virgule des nombres constants sépare la partie entière de la partie décimale.

9e TABLE.

Nombres constants appropriés au calcul écrit, pour la réduction des Bois de menuiserie en pièces courantes.

(Les nombres portés à cette table, et dans lesquels l'unité n'est pas séparée par la virgule, se composent des quatre premiers ordres décimaux.)

Centimètres		2.77	5.54	8.31	11.08	13.85	16.62	19.39	22.16	24.93	27.70	30.47	33.34	36.01	38.78	41.55	44.32
Centim.	Lign.	1	2	3	4	5	6	7	8	9	10	11	12	13	14	15	16
2 mill 31	1	00154	00309	00463	00617	00772	00926	0108	0123	0139	0154	0170	0185	0201	0216	0231	0247
4 62	2	00309	00617	00926	0123	01544	0185	0216	0247	0278	0309	0340	0370	0401	0432	0463	0494
6 93	3	00463	00926	0139	0185	0232	0278	0324	0370	0417	0463	0509	0550	0602	0648	0694	0741
9 24	4	00617	01225	0185	0247	0309	0370	0432	0494	0556	0617	0679	0741	0802	0864	0926	0988
11 55	5	00771	01543	0231	0308	0386	0463	0540	0617	0694	0771	0849	0926	1003	1080	1157	1234
13 86	6	00926	01852	0278	0370	0463	0556	0648	0741	0833	0926	1019	1111	1204	1297	1389	1481
16 17	7	001080	02161	0324	0432	0540	0648	0756	0864	0972	1080	1189	1296	1404	1513	1620	1728
18 49	8	001234	02469	0370	0494	0618	0741	0864	0988	1111	1234	1358	1482	1605	1729	1852	1975
20 79	9	001389	02779	0417	0555	0695	0833	0972	1111	1250	1389	1528	1667	1805	1945	2083	2222
23 10	10	001543	03087	0463	0617	0772	0926	1080	1235	1389	1543	1698	1852	2006	2161	2315	2469
25 41	11	001697	03395	0509	0679	0849	1020	1190	1358	1528	1697	1868	2037	2207	2377	2546	2716
27 72	12	01852	03704	0556	0741	0926	1112	1300	1482	1667	1852	2038	2222	2407	2593	2778	2963
34 65	13	002315	04630	0694	0926	1158	1389	1620	1852	2083	2314	2547	2778	3009	3242	3472	3703
31 58	14	002777	05558	0834	1110	1290	1666	1944	2222	2500	2778	3056	3334	3610	3890	4166	4444
46 20	15	003086	06174	0926	1234	1544	1852	2160	2470	2778	2086	3306	3704	4012	4332	4630	4838
55 44	16	003703	07410	1111	1585	1853	2222	2590	2964	3334	3703	4075	4445	4814	5186	5556	5926
69 30	17	004629	09260	1388	1852	2316	2778	3240	3704	4166	4628	5094	5556	6018	6484	6944	7406
83 16	18	005555	1113	1667	2222	2979	3324	3890	4446	5000	5555	6113	6668	7222	7780	8334	8888
110 88	19	007410	1482	2222	3063	3707	4445	5180	5928	6667	7406	8150	8890	9629	1,0373	1,1112	1,185

Application de la 9e Table.

Réduire en pièces courantes 200 pieds de planches de 9 lignes d'épaisseur sur 8 pouces de largeur.

Je prends la colonne verticale commençant par 8, et je la descends jusqu'à la colonne horizontale commençant par 9 lignes, où se trouve le nombre constant 0,1111, avec lequel je multiplie la longueur 200, de sorte que j'obtiens pour résultat : 22 pièces 22 centièmes.

10e TABLE.

Des nombres constants servant sur le Cadran-compteur pour la réduction des bois de menuiserie en pièces courantes (1).

Faces.	Nombres constants.	Faces.	Nombres constants	Faces.	Nombres constants.	Faces	Nombres constants.
1 ligne.	648	15	43,2	29	22,3	43 lig.	15,1
2	324	16	40,5	30	21,6	44	14,7
3	216	17	38,1	31	20,9	45	14,4
4	162	18	36	32	20,2	46	14,1
5	129	19	34,1	33	19,6	47	13,8
6	108	20	32,4	34	19,1	4 p. 〃	13,5
7	92,7	21	30,8	35	18,5	5 〃	10,8
8	81,1	22	29,7	36	18	5 50	9,84
9	72	23	28,2	37	17,5	5 75	9,40
10	64,8	24	27	38	17,1	6 〃	9
11	59	25	26	39	16,6	6 50	8,32
12	54	26	25	40	16,2	7 〃	7,71
13	49,8	27	24	41	15,8	7 50	7,20
14	46,3	28	23,2	42	15,4	8 〃	6,75

Application.

Réduire en pièces courantes 200 pieds de planches de 9 lignes d'épaisseur sur 8 pouces de largeur.

Je prends à la table ci-dessus le nombre constant 72, correspondant à 9 lignes ; je place ensuite une aiguille sur la longueur

(1) Dans cette table, la virgule sépare les entiers de la partie décimale.

200 (cercle A), l'autre sur le nombre constant 72, même cercle : je conduis celle-ci sur la largeur 8, et la première va se placer sur 2222 ; d'où 22 pièces courantes 22 centièmes.

11e TABLE.

Nombres constants appropriés aux mesures légales et au calcul mécanique, pour la réduction des Bois de charpente et de menuiserie en décistères et en pièces courantes.

Faces.	Nombres const.		Faces	Nombres const.		Faces	Nombres const.		Faces.	Nombres const.	
	Décist.	Pièces		Décist	Pièces		Décist.	Pièces.		Décist.	Pièces.
1	1	139	26	384	5,75	51	196	2,73	76	132	1,82
2	5	69,5	27	37	5,15	52	193	2,68	77	13	1,81
3	333	46,4	28	357	4,97	53	189	2,63	78	128	1,78
4	25	34,7	29	345	4,8	54	185	2,58	79	127	1,76
5	2	27,8	30	333	4,64	55	182	2,53	80	125	1,74
6	167	23,2	31	322	4,48	56	170	2,48	81	123	1,72
7	143	19,9	32	312	4,35	57	176	2,44	82	122	1,70
8	125	17,4	33	303	4,21	58	173	2,4	83	121	1,68
9	115	15,5	34	294	4,1	59	17	2,36	84	119	1,66
10	100	13,9	35	286	3,97	60	168	2,32	85	118	1,64
11	91	12,7	36	278	3,87	61	164	2,28	86	116	1,62
12	833	11,6	37	27	3,76	62	161	2,24	87	115	1,6
13	77	10,7	38	263	3,66	63	159	2,21	88	114	1,58
14	715	9,95	39	256	3,57	64	156	2,17	89	112	1,56
15	667	9,28	40	25	3,48	65	154	2,14	90	111	1,54
16	625	8,7	41	244	3,38	66	152	2,11	91	11	1,53
17	587	8,18	42	238	3,32	67	149	2,08	92	109	1,51
18	556	7,74	43	232	3,23	68	147	2,05	93	108	1,5
19	526	7,33	44	227	3,16	69	145	2,02	94	106	1,48
20	5	6,95	45	222	3,08	70	143	1,99	95	105	1,46
21	477	6,63	46	217	3,03	71	141	1,96	96	104	1,45
22	455	6,33	47	213	2,96	72	139	1,93	97	103	1,44
23	435	6,05	48	208	2,9	73	137	1,91	98	102	1,42
24	417	5,8	49	204	2,84	74	135	1,88	99	101	1,41
25	4	5,56	50	2	2,78	75	133	1,85	100	100	1,39

Application de la 11e Table.

1° *Donner en décimètres la valeur d'une poutre longue de 6 mètres sur 0,25 à 0,33 c. de face.*

Je place une aiguille sur la longueur 6 (cercle A), l'autre sur le nombre constant 4, correspondant à 0,25 (même cercle) : je conduis celle-ci sur 0,33 et la première se place sur 4,95; d'où 4 décistères 95 centièmes.

2° *Donner en pièces courantes la valeur de 67 mètres de planches de 0 m. 019 millimètres d'épaisseur, sur 0,25 cent. de largeur.*

Je place une aiguille sur la longueur 67, l'autre sur 733, nombre constant correspondant à 19 millimètres : je conduis ensuite celle-ci sur 0,25, la première va se placer sur 22,85 ; d'où la quantité proposée = 22 pièces courantes 85 centièmes.

Ainsi, l'opération se fait entièrement sur le cercle A, et il est indifférent de prendre le nombre constant de la largeur ou celui de l'épaisseur : celle des deux dimensions qui n'est pas figurée par le nombre constant, forme un terme qui entre dans la combinaison des quantités données, selon qu'on peut s'en rendre compte par les problèmes qui viennent d'être résolus comme exemples.

(Suit la 12e table.)

12e TABLE.

TOISÉ DES BOIS EN GRUME.

Nombres constants pour la réduction des Bois en grume, en décistères et en solives, sur six toisés différents. (1)

MANIÈRE D'OPÉRER.			Sur la circonférce.	A	Au 1/4 de la circonférce.	A	Au 1/10e déduit.	A	Au 1/6e déduit.	A	Au 1/5e sans déduction.	A	A l'équerre.	A
Calcul écrit.	Par le diamètre.	Décistère	7857	4	6173	4	0.5	″	4201	4	3951	4	1 ″	″
		Solives	1818	6	1429	6	1157	6	915	6	993	6	2315	6
	Par la circonférence.	Décistères.	7954	5	625	4	506	4	434	4	4	2	10105	5
		Solives	1841	7	1447	7	1172	7	1005	7	0282	8	2339	7
Calcul mécanique.	Par le diamètre	Décistères.	1.275	″	1.620	″	2. ″	″	2.33	″	2 531	″	10	″
		Solives	550.5	″	699.8	″	8643	″	1093	″	1007	″	4320	″
	Par la circonférence.	Décistères.	12.57	″	16	″	19 8	″	23	″	25	″	9807	″
		Solives	543.2	″	691.1	″	853.2	″	995	″	1077	″	4466	″

(1) Les chiffres placés dant la colonne A indiquent l'ordre décimal du dernier chiffre de chaque nombre constant correspondant : ainsi le 4 placé dans la première colonne A, indique que le nombre constant 7857 comprend des dix millièmes, et doit se lire 0,7857. Quand la colonne est vide, le nombre constant comprend des entiers seulement.

Application de la 12e Table.

1° *On demande la valeur en décistères d'un arbre qui a 2 mètres de tour sur 12 mètres de hauteur, toisé sur toute la circonférence.*

Calcul écrit.

On aura le produit en multipliant la circonférence par elle-même (ou le diamètre quand il s'agit de cette dimension) et le produit par la longueur le résultat obtenu, étant lui-même multiplié par le nombre constant correspondant au toisé demandé, donnera la valeur de l'arbre proposé, en décistères ou en solives, selon que l'on a mesuré au mètre ou au pied.

Opération.

2 × 2 × 12 × 0,07954 (nombre constant) = 3,81792, ce qui donne 3 mètres cubes 81792, c'est-à-dire 38 décistères 1792 dix millièmes.

Calcul mécanique. (Usage des trois cercles.)

Je place une aiguille sur la longueur 12 (cercle A), l'autre sur le nombre constant du toisé demandé (même cercle) 1,257; je conduis celle-ci sur la circonférence 2 (cercle B), et la première se place sur 38,1792 (cercle A).

2° *On demande la valeur en solives d'un arbre qui a 16 pouces de diamètre sur 40 pieds de longueur, toisé au 1/4.*

Calcul écrit.

16 × 16 × 40 × 0,01429 (nombre constant) = 14 solives 50 centièmes.

Calcul mécanique.

Je place une aiguille sur la longueur 40 (cercle A), l'autre sur le nombre constant correspondant au toisé au 1/4 par le diamètre (aussi cercle A): je conduis celle-ci sur le diamètre 16 (cercle B), et la première se place sur la solidité (cercle A), soit 14 solives 50 centièmes.

13e TABLE.

Nombres constants pour déterminer, sur l'ancien système ou le nouveau, 1° les produits comparatifs de six toisés différents, 2° et les prix relatifs de ces différents toisés.

MANIÈRE D'OPÉRER.		DÉSIGNATION DES TOISÉS.					
		Sur toute la circonfér.	Au 1/4 sans déduction.	Au 1/10e déduit.	Au 1/6e déduit.	Au 1/5e sans déduction.	A l'équerre.
Produits.	Calcul écrit.	1. 00	0. 786	0. 635	0. 546	0 506	1. 275
	Calcul méc.	0.7954	0.6250	0.5062	0.4344	0.400	1.0105
Prix. . .	Calcul écrit	1. »	1. 273	1. 571	1. 83	1. 98	0. 786
	Calcul méc.	54. 3	69. 1	85. 3	99. 6	104.	42. 6

Application.

Un arbre toisé au 1/4 a produit 30 décistères, combien produirait-il toisé à l'équerre ?

Calcul écrit.

Je multiplie le produit proposé par le nombre constant du toisé demandé, et je divise le résultat par le nombre constant du toisé donné : le quotient représente le produit comparatif.

Opération.

$30 \times \frac{1,275}{0,786} = 48,60$; d'où le toisé à l'équerre donnerait 48 décistères 60 centièmes.

Calcul mécanique.

Je place une aiguille sur le produit proposé 30 (cercle A), l'autre sur le nombre constant, 0,6250, correspondant au toisé de ce produit (cercle A) : je conduis celle-ci sur 1,0105, nombre constant du toisé demandé (cercle A) ; la première se place sur 48,60 c. (même cercle), produit comparatif.

2° *On a payé la solive (toisé au 1/5) 5 fr., combien la paiera-t-on sur le toisé au 1/4 ?*

Calcul écrit.

Je multiplie le prix proposé par le nombre constant du toisé demandé, et je divise le produit par le nombre constant du toisé donné : le quotient représente le prix relatif.

Opération.

$5 \times \frac{1,273}{108} = 3,20$: d'où la solive du toisé au 1/4 sera payée 3 fr. 20 c.

Calcul mécanique.

Je place une aiguille sur le prix du toisé donné, soit 5 fr., l'autre sur le nombre constant de ce toisé, soit 1040 : je conduis celle-ci sur le nombre constant du toisé demandé, soit 691 ; et la première se place sur 3,52, prix comparatif.

(*Suit la 14e table.*)

14e TABLE. (1)

Nombres constants pour la réduction, en décistères et en solives, des arbres destinés à être taillés de 3 à 8 côtés égaux.

MANIÈRE D'OPÉRER.			DÉSIGNATION DES COUPES											
			à 3 côtés.		à 4 côtés.		à 5 côtés.		à 6 côtés.		à 7 côtés.		à 8 côtés.	
				A		A		A		A		A		A
Par le diamètre.	Calcul écrit.	Décistères	3248	4	5000	4	5944	4	6405	4	6834	4	7072	4
		Solives	7517	7	1129	6	1355	6	1504	6	1587	6	1638	6
	Calcul mécan.	Décistères	3.08	〃	2.00	〃	1.68	〃	1.54	〃	1.47	〃	1 41	〃
		Solives	765	〃	886	〃	738	〃	652	〃	631	〃	610	〃
Par la circonfér.	Calcul écrit.	Décistères	3285	5	5100	5	6021	5	6579	5	7050	5	7170	5
		Solives	7592	8	1180	7	1372	7	1523	7	1608	7	1658	7
	Calcul mécan.	Décistères	30.5	〃	19.8	〃	16 6	〃	15 2	〃	14.2	〃	14,0	〃
		Solives	758	〃	847	〃	729	〃	657	〃	620	〃	603	〃

(1) **Les chiffres placés dans la colonne A** indiquent l'ordre décimal du dernier chiffre de chaque nombre constant correspondant : le 4 placé dans la première **colonne A indique** que le nombre constant 3248 comprend des dix millièmes et doit se lire 0,3248. Quand la colonne est vide, le nombre constant comprend des entiers seulement.

Application de la 14e Table.

Un arbre de 25 pieds de longueur et 100 pouces de circonférence doit être taillé à 8 côtés : combien donnera-t-il de solives ?

Calcul écrit.

Je prends le carré de la circonférence et je le multiplie par la longueur ; le produit, étant lui-même multiplié par le nombre constant correspondant à l'espèce de coupe demandée, donne en solives la valeur de l'arbre proposé (ou en décistères quand les dimensions sont données en mesures métriques).

Opération.

$100 \times 100 \times 25 \times 0{,}0001638 = 40{,}95$, d'où l'arbre proposé produira 40 solives 95 centièmes.

Calcul mécanique.

Je place une aiguille sur la longueur 25 (cercle A), l'autre sur le nombre constant 602, correspondant à la coupe à 8 côtés (aussi cercle A) ; je conduis celle-ci sur la circonférence 100 (cercle B), la première se place sur le produit demandé (cercle A), soit ici sur 41,50.

Observation. — Quand il s'agit du diamètre, les procédés sont absolument les mêmes, il n'y a de changés que les nombres constants.

(Suit la 15e table.)

15e TABLE.

Nombres constants pour déterminer la quantité de copeaux résultant de la taille d'un arbre sur 3 à 8 côtés égaux.

MANIÈRE D'OPÉRER.			DÉSIGNATION DES COUPES											
			à 3 côtés.		à 4 côtés.		à 5 côtés.		à 6 côtés.		à 7 côtés.		à 8 côtés.	
				A		A		A		A		A		A
Par le diamètre.	Calcul écrit.	Décistères	4606	3	2854	3	1910	3	1359	3	1020	3	782	3
		Solives.	1066	6	639	6	463	6	314	6	231	6	180	6
	Calcul mécan.	Décistères	239	"	351	"	523	"	736	"	980	"	128	"
		Solives.	938	"	156	"	238	"	315	"	433	"	556	"
Par la circonfér.	Calcul écrit.	Décistères	4674	4	2874	4	1924	4	1374	4	904	4	784	4
		Solives.	1082	7	669	7	469	7	318	7	233	7	183	7
	Calcul mécan.	Décistères	214	"	348	"	520	"	727	"	101	"	127	"
		Solives.	924	"	149	"	213	"	314	"	429	"	540	"

(1) Les chiffres placés dans la colonne A indiquent l'ordre décimal du dernier chiffre de chaque nombre constant correspondant. (*Voir* l'observation qui fait suite à la 12e table.)

APPLICATION DE LA 15e TABLE.

Quel serait le résidu en copeaux d'un arbre long de 10 mètres sur 2 m. 50 de circonférence, s'il était taillé sur 5 côtés égaux ?

L'opération est en tout semblable à celle qui sert d'application à la 14e table, elle se fait donc ainsi :

Calcul écrit.

2,50 × 2,50 × 10 × 467 (nombre constant) = 29,2125, d'où il y aurait en copeaux : 29 décistères 2125.

Calcul mécanique.

Je place une aiguille (cercle A) sur la longueur 10 mètres, l'autre (même cercle) sur le nombre constant 2,14 : je conduis celle-ci sur la circonférence 2,50 (cercle B); la première se place (cercle A) sur le produit demandé, soit 29 décistères 1475.

16e TABLE.

Nombres constants pour déterminer la valeur d'un arbre taillé sur six faces égales.

1° En planches de 0 m 25 sur 0 m 0277 (ou 9 pouces sur 1);
2° En chevrons de 0 m 0834 sur 0 m 0555 (ou 3 pouces sur 2);
3° En doubleaux de 0 m 11 sur 0 m 0834 (ou 4 pouces sur 3);
4° En feuillets de 0 m 25 sur 0,002216 (8 lignes sur 9 pouces).

MANIÈRE D'OPÉRER.			DÉSIGNATION DES PIÈCES.			
			Planches.	Chevrons.	Doubleaux	Feuillets.
Par le diamètre.	Calcul écrit.	Réd. en mèt.	93. 79	140. 32	70. 80	140. 32
		— en pieds.	0. 0722	0. 1083	0. 0541	0. 1083
	Calcul méc.	— en mèt.	0. 0106	0.00713	0. 0141	0.00713
		— en pieds.	13. 85	9. 23	18. 46	9. 23
Par la circonfér.	Calcul écrit.	— en mèt.	9. 5	14. 21	7. 17	14. 21
		— en pieds.	0.00731	0.01097	0.00548	0 01097
	Calcul méc.	— en mèt.	0. 1052	0. 0703	0. 139	0. 0703
		— en pieds.	137. »	91. 25	182 50	91. 25

APPLICATION DE LA 16e TABLE.

Quelle est la valeur en planches d'un arbre long de 25 pieds sur 100 pouces de circonférence ?

L'opération, semblable à celle des tables 14 et 15, se fait ainsi :

Calcul écrit.

100 × 100 × 25 × 7344 (nombre constant) = 1836, d'où il y a 1836 pieds de planches dans l'arbre proposé.

Calcul mécanique.

Je place une aiguille sur la longueur 25 (cercle A), l'autre sur le nombre constant correspondant aux planches, mesure ancienne, soit 136 (cercle A) : je conduis celle-ci sur la circonférence 100 (cercle B), la première se place sur la réponse (cercle A), soit sur 1836.

17e TABLE.

Nombres constants pour déterminer, en kilogr., la pesanteur d'un arbre abattu depuis 10 à 20 mois, la longueur et la circonf. étant données.

ESSENCES.	CALCUL ÉCRIT.		CALCUL MÉCANIQUE.	
	Mesure légale	Anc. mesure.	Mesure légale.	Anc. mesure.
Chêne	7. 635	0. 01965	13. 1	508
Frêne	6. 445	0. 01657	15. 5	603
Hêtre	7. 160	0. 01141	13. 9	542
Merisier	6. 540	0. 01975	15. 2	590
Châtaignier	5. 090	0. 01307	20. 〃	775
Orme	5. 965	0. 01533	16. 8	652
Charme	7. 995	0. 02052	12. 5	486
Noyer	6. 205	0. 01992	16. 1	626
Tilleul	5. 725	0. 01473	17. 4	675
Peuplier	5. 170	0. 01335	19. 3	755
Pommier	7. 755	0. 01938	12. 9	503
Poirier	7. 160	0. 01841	14. 〃	544
Sapin	4. 449	0. 01142	22. 4	475
Grisard	6. 760	0. 01739	14. 8	574
Cormier	7. 905	0. 02052	12. 5	486
Gaïac	10. 975	0. 02816	91. 〃	354

APPLICATION DE LA 17e TABLE.

Trouver la pesanteur d'un frêne de 16 pouces de circonférence sur 20 pieds de longueur.

Calcul écrit.

Je multiplie la circonférence par elle-même et le produit par la longueur : le nouveau produit multiplié par le nombre constant 0,01657 égale la pesanteur de l'arbre.

Or : 16 × 16 × 20 × 0,01657 (nombre constant) = 84 kilog. 840 grammes.

Calcul mécanique.

Je place une aiguille sur la longueur 20 (cercle A), l'autre sur le nombre constant 603 (même cercle) : je conduis celle-ci sur la circonférence (cercle B), soit sur 16, et la première aiguille se place (cercle A) sur la pesanteur, ou 84 kilog. 840 grammes.

18e TABLE.

Nombres constants pour déterminer, en kilogrammes, la pesanteur d'une pièce de bois équarrie, abattue depuis 10 à 20 mois.

ESSENCES.	CALCUL ÉCRIT.		CALCUL MÉCANIQUE.	
	Mesure légale	Anc. mesure.	Mesure légale.	Anc. mesure.
Chêne	96. 〃	0 2465	0. 0104	4.06
Frêne	81. 〃	0.2080	0. 0123	4.81
Merisier	88. 〃	0 2272	0. 0113	4.44
Châtaignier	64 〃	0 1643	0. 0156	6.01
Orme	75. 〃	0.1933	0. 0133	4.12
Charme	100 50	0 2581	0.00994	3.88
Noyer	78 〃	0 2002	0. 0128	5. 〃
Tilleul	72. 〃	0.1852	0. 0139	5.42
Peuplier	65 〃	0.1667	0. 0154	6. 〃
Pommier	97.50	0.2420	0. 0103	4 01
Poirier	90 〃	0.2315	0 0111	4.32
Sapin	56. 〃	0.1435	0. 0196	7. 〃
Grisard	85. 〃	0.2187	0. 0118	4.56
Cormier	100 50	0.2581	0. 0100	3.90
Gaïac	138. 〃	0.3541	0. 0724	9.10
Hêtre	90. 〃	0 2315	0. 0111	4.32

Application de la 18e Table.

Trouver la pesanteur d'une pièce de chêne de 0 m. 50 de face sur 2 mètres de longueur.

Calcul écrit.

Je multiplie la face par elle-même, le produit par la longueur, et le nouveau produit par le nombre constant : le résultat final indique la pesanteur.

Ainsi : 0,50 × 0,50 × 2 × 96 = 480 ; d'où la pièce proposée pèse 480 kilog.

Calcul mécanique.

Je place une aiguille sur la longueur 2 (cercle A), l'autre sur le nombre constant 104 (même cercle) : je conduis celle-ci (cercle B) sur le diamètre 0,50, et la première se place sur la pesanteur, ou 480 kilog.

19e TABLE.

Nombres constants pour trouver, en kilogrammes, la pesanteur, au décistère et à la solive métrique, de huit essences différentes.

	ESSENCES							
	Noyer.	Charme.	Orme.	Châtaig.	Merisier.	Hêtre.	Frêne.	Chêne.
Décistères.	78 k.	100 k.	75 k.	64 k.	88 k.	90 k.	81 k.	96 k.
Solives . .	86	111	83	71	97	100	90	106

Application.

Un chêne contient 48 décistères, combien pèse-t-il ?

Nous voyons à la table qu'un décistère de chêne pèse 96 kilog., il est évident que 48 décistères pèseront 48 fois plus ; or, il suffira de faire la multiplication suivante :

96 × 48 = 4608 kilog. poids de l'arbre proposé.

Ce problème ne donne lieu, sur le cadran, qu'à une simple multiplication qui s'effectue avec les mêmes termes que le calcul écrit.

20e TABLE.

Des nombres constants pour trouver la solidité d'une pièce de bois de 3 à 8 côtés égaux.

MANIÈRE D'OPÉRER.	DÉSIGNATION DES COUPES					
	à 3 côtés.	à 4 côtés.	à 5 côtés.	à 6 côtés.	à 7 côtés.	à 8 côtés.
Calcul écrit.						
Mesures légales.	0. 433	1. 00	1. 720	2. 598	3. 632	4. 829
— anciennes.	0.001002	0.002315	0.003981	0.006014	0 008407	0.001118
Calcul mécan.						
Mesures légales.	0. 231	1. "	0. 581	0. 385	0. 275	0. 207
— anciennes	99. 4	43. 2	25. 1	16. 6	11. 9	8. 96

Application.

Trouver la solidité d'une pièce de bois de 3 mètres de longueur sur 6 faces égales de 0 m. 25.

Calcul écrit.

Je fais le carré d'un des côtés, je le multiplie par la longueur, et le produit étant multiplié par le nombre constant correspondant au nombre de côtés de la pièce donnée, égale la solidité; ainsi :

0,25 × 0,25 × 3 × 2,598 (nombre constant) = 4,87; d'où la pièce proposée contient 4 décist. 87/100es.

Calcul mécanique.

Je place une aiguille sur la longueur 3 (cercle A), l'autre sur le nombre constant correspondant à la coupe de la pièce proposée, soit sur 0,384 (même cercle) : je conduis celle-ci sur le côté donné, soit sur 0,25 (cercle B), et la première se place sur la solidité (cercle A), soit sur 4,87.

21e TABLE (1).

Une circonférence ou un diamètre étant donné, et le nombre des côtés du polygone inscrit, déterminer la longueur de ces côtés; et réciproquement le nombre et la longueur des côtés étant donnés, déterminer l'étendue de la circonférence ou du diamètre.

MANIÈRE D'OPÉRER.	DÉSIGNATION DES COUPES					
	à 3 côtés.	à 4 côtés.	à 5 côtés.	à 6 côtés.	à 7 côtés.	à 8 côtés.
Pour trouver la circonférence .	3. 628	4. 440	5. 345	6. 234	7. 24	8. 211
——— le côté	0.2757	0 2253	0.1872	0.1591	0.1382	0.1218
——— le diamètre . . .	1. 154	1. 414	1. 699	2. 000	2302	2612
——— le côté	8664	7071	5886	5000	4344	3828

(1) Les nombres de cette table servent également pour le calcul écrit et le calcul mécanique, pour les mesures légales et les mesures anciennes.

Application de la 21e Table.

1° *Un arbre qui a 3 mètres de tour doit être taillé à 3 faces égales, quelle sera la largeur de ses côtés ?*

Calcul écrit.

Je multiplie la circonférence donnée 3 m. par le nombre constant 0,2757 correspondant à la coupe à 3 côtés, et j'obtiens au produit la largeur demandée ; ainsi :

3 m × 0,2757, d'où chaque face aura 0 m. 8271 cent. de largeur.

Calcul mécanique.

Je place une aiguille sur le nombre constant correspondant à la coupe demandée, l'autre sur la *Directrice ;* je conduis celle-ci sur la circonférence donnée 3 m., la première se place sur la largeur du côté 0,8271 cherché.

2° *Sur quelle circonférence a dû être taillé un arbre à 4 faces égales de 0 m. 40 cent. chacune ?*

Calcul écrit.

Je multiplie le côté donné, 0 m. 40, par 4,444 nombre constant correspondant à la coupe à 4 côtés et servant pour trouver la circonférence ; le produit donne cette circonférence, ainsi :

0,40 × 4,444 = 1,7776, d'où la circonférence de l'arbre en question était de 1 m. 78 cent.

Calcul mécanique (Cercle A).

Je place une aiguille sur le nombre constant correspondant à la coupe donnée 4,444, l'autre sur la *Directrice* ; je conduis celle-ci sur le côté donné 0,40, et la première se place sur la circonférence demandée, soit sur 1 m. 78 cent.

PROBLÈMES DIVERS

SUR LES SURFACES ET LES SOLIDES.

22e TABLE.

Nombres constants pour déterminer les surfaces et les rayons des Polygones réguliers, et la solidité des Prismes réguliers, sur la connaissance de leurs côtés.

DÉSIGNATION des POLYGONES.	CALCUL ÉCRIT.		CALCUL MÉCANIQUE.	
	Surfaces.	Rayons.	Surfaces.	Rayons.
A 3 côtés.	0. 433	0.5774	2. 31	0.5774
A 4 côtés.	1. 000	0.7071	1. "	7071
A 5 côtés.	1.7203	0.8506	0. 58	8506
A 6 côtés.	2. 598	1. 000	0. 385	1. "
A 7 côtés.	3. 632	1.1522	276	1.1522
A 8 côtés.	4. 829	1.3067	207	1.3067
A 9 côtés.	6. 180	1. 463	162	1. 463
A 10 côtés.	8. 333	1. 615	120	1. 615
A 11 côtés.	9. 400	1. 775	106	1. 775
A 12 côtés.	11. 200	1. 930	892	1. 930

APPLICATION.

1° *Trouver la surface d'un carreau à six pans de 0 m. 12 chacun.*

Calcul écrit.

Faites le carré du côté donné, multipliez ce carré par le nombre constant correspondant à l'espèce de polygone proposée : le produit présentera la surface demandée ; ainsi :

0,12 × 12 × 2,598 = 0,37412 ; d'où le carreau a 0 m. 0374 centimètres carrés.

Calcul mécanique.

Je place une aiguille sur la *Directrice*, l'autre sur le nombre constant du polygone donné 0,385 : je conduis celle-ci sur la largeur du côté déterminé 0 m. 12, (cercle B) : la première se place (cercle A) sur 0,0374.

2° *Trouver la solidité d'un arbre taillé à huit pans de 0 m 30 chacun sur 8 m. de longueur.*

Calcul écrit

Faites le carré du côté donné, multipliez-le par la longueur, et le produit par le nombre constant correspondant au prisme proposé : le résultat final présentera la solidité demandée.

Opération.

$0,30 \times 0,30 \times 8^{m} \times 4,829 = 3^{m}\ 4,769$, ou 34 décist. 769^{mill}.

Calcul mécanique.

Je place une aiguille sur la longueur 8 (cercle A), l'autre sur le nombre constant 0,207 (même cercle) ; je conduis celle-ci (cercle B) sur la largeur du côté donné 0,30, et la première se place sur 34,769 (cercle A).

3° *Trouver le rayon d'un arbre taillé à 3 côtés de 0 m. 30 chacun.*

Il suffit de multiplier le nombre constant du polygone par la largeur du côté donné.

Calcul écrit.

0,30 × 0,5774 (*nc*) = 0,17322 ; d'où le rayon de l'arbre proposé est de 0,173 m. 22/100es.

Calcul mécanique (Cercle A).

Je place une aiguille sur le nombre constant 0,5774, l'autre sur la *Directrice ;* je conduis celle-ci sur le côté donné 0,30, la première se place sur le rayon 0,17322.

23e TABLE.

Nombres constants pour déterminer 1° les surfaces des cercles, les solidités des cylindres et des cônes; 2° les dimensions des figures correspondantes et équivalentes.

PROPOSITIONS.	NOMBRES CONSTANTS. Calcul écrit.	NOMBRES CONSTANTS. Calcul mécanique.
1° *Connaissant le diamètre d'un cercle, trouver :*		
La circonférence.	3. 142	3. 142
La surface	0. 7857	1. 275.
La surface du carré inscrit.	0. 502	1. 990
Le côté du carré inscrit	0. 708	0. 708
Le côté du carré équivalent	0. 280	″. 280
2° *Connaissant la circonférence d'un cercle, trouver :*		
Le diamètre	0. 3182	0. 3182
La surface	0.07954	12. 57
La surface du carré inscrit.	0.05075	19. 70
Le côté du carré inscrit	0. 2253	″ 2253
Le côté du carré équivalent	0. 2822	″ 2822
3° *Trouver la solidité du cylindre :*		
Par le diamètre	0. 7857	1. 275
Par la circonférence	0.07954	12. 57
4° *Trouver la solidité du cône :*		
Par le diamètre.	0. 262	3. 82
Par la circonférence.	0. 0265	37. 70

Application.

Lorsqu'il s'agit de trouver une dimension par une autre, l'opération écrite se réduit à une simple multiplication, qui s'effectue aussi mécaniquement sur le cercle A; mais, lorsqu'il s'agit de la

7

surface ou de la solidité, on fait usage des trois cercles du Cadran.

EXEMPLES :

1° *Quelle est la circonférence d'un cercle qui a 4 mètres de diamètre ?*

Calcul écrit.

Je multiplie la dimension donnée, soit le diamètre 4, par le nombre constant correspondant à la dimension ; ainsi :

4 × 3,142 = 12,568 ; d'où la circonférence = 12 m. 57/100es

Calcul mécanique (Cercle A).

Je place une aiguille sur le nombre constant 3,142, l'autre sur la *Directrice* ; je conduis celle-ci sur le diamètre 4, et la première se place sur 12,57.

2° *Trouver la surface d'un cercle qui a 4 mètres de diamètre.*

Calcul écrit.

Je multiplie la dimension donnée par elle-même, soit le diamètre (4 m.) et le produit par le nombre constant correspondant à la surface demandée, soit 0,7854 ; le produit final égale cette surface ; ainsi :

4 × 4 × 0,7854 = 12 m. 57 ; d'où la surface du cercle proposé = 12 mètres carrés 57/100es

Calcul mécanique.

Je place une aiguille sur la *Directrice* (cercle A), l'autre sur le nombre constant correspondant à la surface demandée (même cercle), soit sur 1,275, et je conduis celle-ci (cercle B) sur la dimension donnée, soit sur le diamètre 4 ; la première se place (cercle A) sur la surface demandée, soit sur 12 m. 57.

3° *Quelle est la solidité d'un cylindre de 5 pieds de circonférence sur 15 pieds de longueur ?*

Calcul écrit.

Je multiplie la circonférence par elle-même, le produit par le nombre constant correspondant à cette dimension : multipliant ensuite par la longueur, j'obtiens la solidité demandée, ainsi :

5 × 5 × 7954 × 15 = 298 pieds cubes 27/100es pour le cylindre proposé.

Calcul mécanique.

Je place une aiguille sur la longueur (cercle A), soit sur 15, l'autre sur le nombre constant de la solidité du cylindre par la circonférence (même cercle), soit sur 1257; je conduis celle-ci sur la circonférence 5 (cercle B), et la première se place par ce mouvement sur la solidité du cylindre, soit sur 298 pieds cubes 27/100es.

Les problèmes auxquels le cône peut donner lieu, s'effectuent de la même manière que ceux du cylindre.

24e TABLE.

Nombres constants pour déterminer 1° la surface de la sphère, de l'ovale et de la sphéroïde, 2° et de la solidité des sphères et des sphéroïdes.

PROPOSITIONS.	NOMBRES CONSTANTS.	
	Calcul écrit.	Calcul mécanique.
1o *Trouver la surface de la sphère par :*		
Le diamètre	3. 142	0. 3182
La circonférence	0. 3182	3. 142
2o *Trouver la solidité de la sphère par :*		
Le diamètre	0. 5239	1. 909
La circonférence	0. 1688	5. 925
3o *Connaissant les deux axes, trouver :*		
La surface de l'ovale	0. 7857	1. 275
La superficie de la sphéroïde.	0. 3182	3. 142
La solidité de la sphéroïde.	0. 5289	1. 909

Application de la 24e Table.

1° *Trouver la surface d'une sphère qui a 0 m. 50 de diamètre.*

Calcul écrit.

Je fais le carré du diamètre et je le multiplie par le nombre constant 3,142 ; le produit égale la surface de la sphère ; ainsi :

0,70 × 0,70 × 315 = 1,5435, d'où 1 m. carré 54 cent. pour la surface demandée.

Calcul mécanique.

Je place une aiguille sur la *Directrice*, l'autre sur le nombre constant 3,182 (cercle A), je conduis celle-ci (cercle B) sur le diamètre 70, et la première se place sur la surface 1 m. 54 (cercle A).

2° *Trouver la surface d'un terrain ovale dont les axes sont 20 et 30 mètres.*

Calcul écrit.

Je fais le produit des deux axes et je le multiplie par le nombre constant 0,7854 ; le nouveau produit égale la surface demandée ; ainsi :

20 × 30 × 0,7854 = 471 mètres carrés 24 /100es.

Calcul mécanique.

Je place une aiguille sur l'un des axes, soit sur 20 (cercle A), l'autre sur le nombre constant 1,275 (même cercle) ; je conduis celle-ci sur l'autre axe, soit 30 (cercle A) ; elle porte la première sur la surface demandée 471,24.

3° *Trouver la solidité d'une sphéroïde de 30 pouces sur 40.*

Calcul écrit.

Je fais le carré du petit axe et je le multiplie par le grand axe ; le produit étant lui-même multiplié par le nombre constant 0,524, égale la solidité demandée, ainsi :

30 × 30 × 40 × 0,524 = 18,864 pouces cubes.

Calcul mécanique.

Je place une aiguille sur le grand axe, soit 40 (cercle A), l'autre sur le nombre constant 191 (même cercle) ; je conduis celle-ci sur le petit axe soit 30 (cercle B) ; la première se place sur la solidité 18,864 (cercle A).

Observation. — Les exemples qui précèdent suffisent pour faciliter l'emploi de la table et la solution des problèmes qui s'y rattachent.

25e TABLE.

Nombres constants pour déterminer la solidité des pyramides.

POLYGONES DES BASES.	NOMBRES CONSTANTS.	
	Calcul écrit.	Calcul mécanique.
A 3 côtés	0. 1444	6. 930
A 4 côtés	0. 3333	3. "
A 5 côtés	0. 5768	1. 740
A 6 côtés	0. 8666	1. 155
A 7 côtés	1 2111	0. 825
A 8 côtés	1. 6096	0. 622
A 9 côtés	2. 0600	0 485
A 10 côtés	2. 7777	0. 360
A 11 côtés	3. 1333	0. 319
A 12 côtés	3. 7333	0. 265

Application.

1° *Trouver la solidité d'une pyramide à huit côtés de 4 mètres chacun portant 20 mètres de hauteur.*

Calcul écrit.

Je multiplie le côté donné par lui-même, le produit par la hauteur, et le nouveau produit étant lui-même multiplié par le nombre constant du polygone de la base, égale la solidité de la pyramide proposée ; ainsi :

$4 \times 4 \times 20 \times 161 = 51^{m}.52$, d'où cette pyramide contient 51 mètres cubes 52/100es.

Calcul mécanique.

Je place une aiguille sur la longueur 20 (cercle A), l'autre sur le nombre constant 0,622 correspondant au polygone de la base (même cercle) ; je conduis celle-ci sur le côté donné, soit sur 4 m. (cercle B), et la première se place (cercle A) sur 51,52, solidité demandée.

2° *Trouver la hauteur d'une pyramide à 5 côtés, de 5 mètres chacun, et ayant 400 mètres de solidité.*

Calcul écrit.

Je fais le carré du côté donné, je le multiplie par le nombre constant correspondant au nombre des côtés de la pyramide, et, avec le produit, je divise la solidité donnée : le quotient présente la hauteur demandée, ainsi :

$5 \times 5 \times 575 = 143,75$, et $\frac{400}{14375} = 27,83$, d'où cette hauteur est de 27 mètres 83 cent.

Calcul mécanique.

Je place une aiguille sur la solidité 400 (cercle A), l'autre (cercle B) sur le côté donné ; je conduis celle-ci (cercle A) sur le nombre constant correspondant au nombre des côtés de la pyramide, et la première se porte sur la hauteur demandée, soit sur 27,83.

26ᵉ TABLE.

Nombres constants pour le calcul des intérêts simples et escomptes, au jour, au mois et à l'année.

TAUX pour l'année.	INTÉRÊTS SIMPLES.				ESCOMPTES.			
	CALCUL ÉCRIT.		CALC. DU CADRAN.		CALCUL ÉCRIT.		CALC. DU CADRAN.	
	Par mois	Par jour.	Par mois.	Par jour.	Par mois	Par jour.	Par mois.	Par jour.
fr c								
1 〃	0.08333	0.002777	12	36	0.0825	0 00275	121	364
2 〃	0.16667	0 005555	6	18	0.1634	0.005447	612	184
3 〃	0 2500	0. 00833	4	12	0 2427	0.008090	412	124
3 50	0. 2917	0.009722	343	103	0 2818	0.009394	355	107
4 〃	0. 3300	0. 01100	300	9	0.3204	0. 01068	312	937
4 50	0. 3717	0. 01239	267	8	0.3558	0. 01196	2787	836
5 〃	0. 4164	0. 01388	24	72	0.3969	0 01323	252	756
5 50	0. 4587	0. 01529	218	655	0 4344	0 01448	231	690
6 〃	0. 5000	0 01667	2	6	0.4716	0. 01572	212	636
6 50	0. 5415	0. 01805	185	554	0 5136	0. 01712	193	584
7 〃	0. 5799	0 01923	172	514	0.5451	0. 01817	184	550
7 50	0. 6216	0. 02072	16	48	0.5814	0. 01938	172	515

APPLICATION.

1° *Trouver l'intérêt de 350 fr. placés pour 95 jours, à 3 fr. 50 c. p. 0/0 par an.*

Calcul écrit.

Je multiplie le capital par le temps et le produit par le nombre constant du taux proposé. Le résultat final présente l'intérêt demandé ; ainsi :

3 fr. 50c. × 95 × 0,0097 = 3,22525, d'où cet intérêt est de 3 fr. 22 cent. 1/2.

Calcul mécanique.

Je place une aiguille sur le capital (cercle A), soit sur 3,350 fr., l'autre sur le nombre constant du taux (même cercle), soit sur 103; je conduis celle-ci sur le temps, soit 95 jours (cercle A), et la première se porte (même cercle) sur l'intérêt demandé, soit sur 3 fr. 22 cent.

2° *Quelle est la valeur actuelle d'un billet de 380 fr. payable à 11 mois, à raison de 6 p. 0/0 d'escompte par an ?*

Calcul écrit.

Je multiplie la valeur du billet par le temps, et le produit par le nombre constant correspondant au taux de l'escompte : le résultat final présente la retenue à faire sur le montant du billet pour avoir sa valeur actuelle, ainsi :

380 × 11 × 472 = 19,73, d'où l'escompte du billet est de 19,73, et sa valeur actuelle est de 380 ; 19,73 = 360 fr. 27 cent.

Calcul mécanique.

Je place une aiguille sur le capital 380 fr. (cercle A), l'autre sur le nombre constant 212 correspondant au taux de 6 fr. d'escompte (même cercle) ; je conduis celle-ci sur le temps, soit sur 11 (cercle A), et la première se porte au même cercle sur l'escompte 19,73 ; de sorte qu'une soustraction écrite donne la valeur du billet proposé.

27e TABLE.

Nombres constants pour le calcul des intérêts et escomptes composés, d'année en année.

TAUX.	NOMBRES CONSTANTS POUR LE CALCUL ÉCRIT ET LE CALCUL MÉCANIQUE.									
	1 an.	2 ans.	3 ans.	4 ans.	5 ans.	6 ans.	7 ans.	8 ans.	9 ans.	10 ans.
4 fr.	104. "	108.76	112 48	116.98	121.66	126.33	131 59	136.86	142 33	148.02
5 fr.	105. "	110.25	115.76	121.55	127.62	134. "	140.71	147 74	155.13	162.88
6 fr.	106. "	112.36	119 10	126.24	133.82	141.85	150.36	159 38	168.14	179.08
	11 ans.	12 ans.	13 ans.	14 ans.	15 ans.	16 ans.	17 ans.	18 ans.	19 ans.	20 ans.
4 fr.	153.94	160.10	166.50	173.16	180 09	187.29	194.79	202.58	210,68	219.11
5 fr.	171.03	179.58	188 56	197.99	207.89	218.28	229.20	240.66	252.69	265.32
6 fr.	189.82	201.21	213.29	226.09	239.65	254.03	269.23	285.47	302.56	320.71

Application.

1° Intérêts composés.

On obtient les intérêts composés capitalisés en multipliant le capital primitif par le nombre constant correspondant au taux et au temps.

Trouver à quelle somme s'élevera, en cinq ans, un capital de 400 fr., prêté à 5 pour 0/0 par an.

Calcul écrit.

400 fr. × 127,62 = 510 fr. 48 c., d'où 400 fr. capital sera devenu 510 fr. 48 c.

Calcul mécanique.

Je place une aiguille sur le nombre constant 127,62, l'autre sur la *Directrice* : je conduis celle-ci sur le capital 400 fr., et la première se porte sur le capital augmenté des intérêts composés, soit sur 510 fr. 48 c.

2° Escomptes composés.

On aura la valeur d'une créance en divisant le capital par le nombre constant correspondant au taux et au temps ; néanmoins, le capital sera préalablement multiplié par 100, 1,000, 10,000, selon qu'il y aura 3, 4, 5 chiffres au nombre constant.

A quel prix peut-on acheter une créance de 500 fr. payable dans 5 ans, à raison de 5 pour 0/0 par an?

Le capital 500 sera multiplié par 10,000 parce qu'il y a cinq chiffres au nombre constant 127,62.

Calcul écrit.

$\frac{500 \times 10,000}{127,60}$ = 392,68, d'où la créance proposée vaut actuellement 392 fr. 68 c.

Calcul mécanique.

Je place une aiguille sur le capital 500, l'autre sur le nombre constant 127,62 : je conduis celle-ci sur la *Directrice*, et la première se porte sur la valeur actuelle de la créance, soit sur 392 fr. 68 c

28e TABLE.

DES PESANTEURS SPÉCIFIQUES.

Nombres constants pour déterminer, en kilogrammes, la pesanteur des matières qui font un objet habituel de commerce, appropriés à la circonférence seulement, quant aux corps de forme circulaire.

DÉSIGNATION DES CORPS.	CALCUL ÉCRIT.			CALCUL MÉCANIQUE.		
	Parallélipipède.	Cylindre.	Sphère.	Parallélipipède.	Cylindre.	Sphère
	K.					
Eau distillée. . . .	1.000	795	169	100	126	592
Platine.	20.980	16687	3535	476	600	282
Or purifié	19.250	15303	3255	520	654	308
Mercure	13.568	10786	2293	736	925	435
Plomb.	11.352	9030	1918	880	111	520
Argent.	10.474	8327	1770	954	120	565
Cuivre rouge. . . .	8.395	6673	1418	119	150	705
Cuivre jaune. . . .	7 788	6190	1316	128	162	760
Acier	7.331	5828	1239	136	171	810
Fer forgé.	7.880	6255	1331	127	159	747
Fer fondu	7.070	5621	1194	141	178	836
Marbre.	2 717	2160	459	367	462	180
Fonte blanche . .	6.600	5150	1115	152	190	900
Fonte grise. . . .	6.860	5454	1159	146	183	863
Charbon de terre. .	1 320	1049	223	757	950	447
Pierre meulière. . .	2.500	1988	422	400	502	237
Pierre à bâtir. . . .	2.080	1654	351	481	605	284
Craie et grès. . .	2.300	1828	388	435	545	258
Briques	1.856	1476	313	539	678	321
Toiles.	1 770	1407	300	566	712	335
Terre	1.361	1082	230	736	926	435
Sable	1.814	1442	306	551	694	334
Etain	7.914	6292	1337	127	158	750

APPLICATION.

1° *Déterminer la pesanteur d'une meule à moulin de 0 m 30 d'épaisseur et 6 mètres de circonférence.*

Calcul écrit.

Je fais le carré de la circonférence et je le multiplie par

l'épaisseur, longueur ou hauteur, le produit étant multiplié par le nombre constant 1988, égale la pesanteur demandée, or :

$$6^{m.} \times 6^{m.} \times 0{,}30^{c.} \times 1988 = 2147 \text{ kilogrammes.}$$

Calcul mécanique.

Je place une aiguille sur la longueur ou épaisseur 0,30, l'autre sur le nombre constant 502 ; je conduis celle-ci sur la circonférence 6 (cercle B), et la première se place (cercle A) sur 2147 kilogrammes, pesanteur demandée.

2° *Soit proposé de déterminer la pesanteur d'une barre de fer forgé, de 0 m. 15 de largeur, 0 m. 02 d'épaisseur, et 6 mètres de longueur.*

Calcul écrit (1).

Faites le produit des trois dimensions, et multipliez-le par le nombre constant correspondant au parallélipipède, vous aurez la pesanteur demandée, ainsi :

$$0{,}15 \times 0{,}02 \times 6^{m.} \times 7{,}880 = 141 \text{ kilog. } 840 \text{ gr.}$$

Calcul mécanique.

Le calcul mécanique consiste dans une multiplication composée, qui s'effectue en entier sur le cercle A, mais avec le nombre constant du calcul écrit.

3° *Déterminer la pesanteur d'une sphère de platine de 0,80 de circonférence.*

Calcul écrit.

Je multiplie la circonférence deux fois par elle-même, et le produit par le nombre constant correspondant au corps proposé : le résultat égale la pesanteur demandée ; ainsi :

$$0{,}80 \times 0{,}80 \times 0{,}80 \times 3535 = 1810 \text{ kilog.}$$

(1) S'il s'agissait d'un parallélipipède régulier, l'opération se ferait absolument comme celle du cylindre et de la sphère.

Calcul mécanique

Je place une aiguille (cercle A) sur la circonférence, soit sur 0,80, l'autre sur le nombre constant du corps proposé, soit sur 282 (même cercle) : je conduis celle-ci sur la circonférence, soit encore sur 0,80, mais au cercle B, et la première se porte (cercle A) sur la pesanteur demandée, soit sur 1810 kilog.

ERRATA.

Page 38, 6ᵉ table, 10ᵉ ligne, au lieu de 0,016877, *lisez*. . . 0,16877.

Page 40, 7ᵉ table, dernière colonne, premier nombre constant, au lieu de 0612, *lisez*. . . . . 0602.

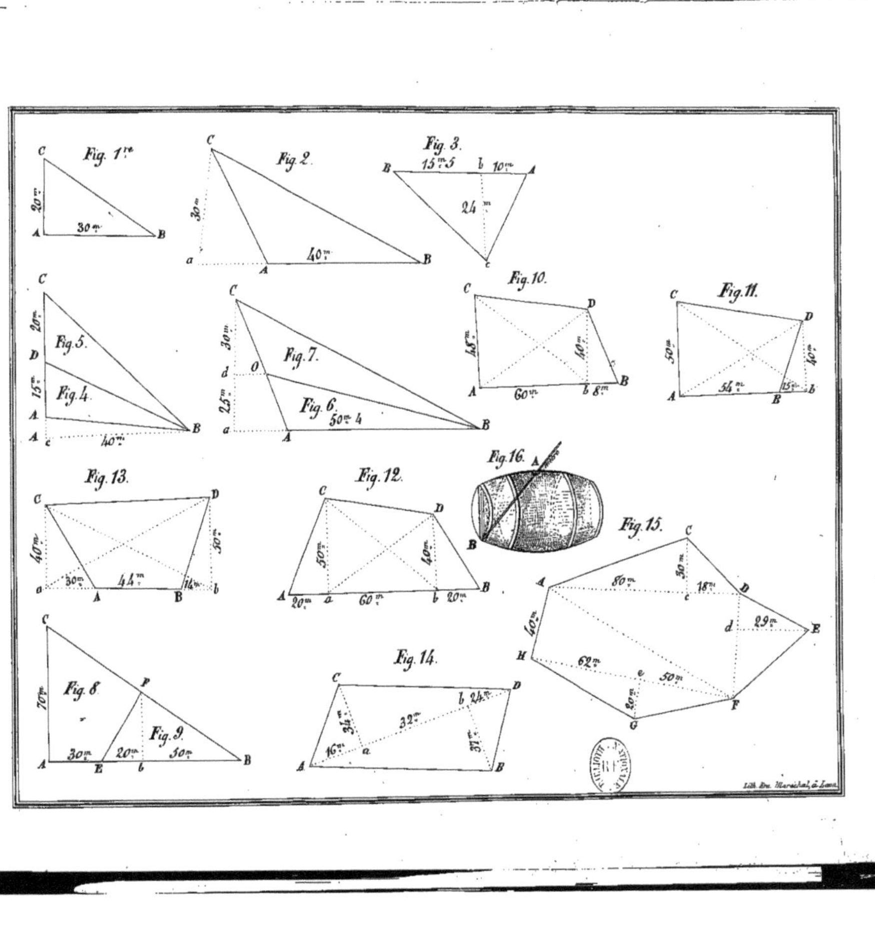
Fig. 1re
Fig. 2.
Fig. 3.
Fig. 4.
Fig. 5.
Fig. 6.
Fig. 7.
Fig. 8.
Fig. 9.
Fig. 10.
Fig. 11.
Fig. 12.
Fig. 13.
Fig. 14.
Fig. 15.
Fig. 16.

TABLE DES MATIÈRES.

PREMIÈRE PARTIE.

DEUXIÈME PARTIE.

TROISIÈME PARTIE.

Tables pour la comparaison, la conversion et la réduction des mesures, des bois, etc.

FIN DE LA TABLE.

LAON. — IMPRIMERIE DE FRN. MARÉCHAL.

www.ingramcontent.com/pod-product-compliance
Ingram Content Group UK Ltd.
Pitfield, Milton Keynes, MK11 3LW, UK
UKHW020401230726
13925UKWH00003B/1206